W0269883

Bericht

über die

Smoke Abatement Exhibition

London, Winter 1881—82.

Bericht

über die

Smoke Abatement Exhibition

London, Winter 1881—82.

An das

Königlich Sächsische Ministerium des Innern

in dessen Auftrage erstattet

von

Friedrich Siemens,

Civil-Ingenieur und Glashüttenbesitzer,
Ritter des Königlich Sächsischen Verdienstordens I. Classe.

Springer-Verlag Berlin Heidelberg GmbH 1882

ISBN 978-3-662-39122-8 ISBN 978-3-662-40105-7 (eBook)
DOI 10.1007/978-3-662-40105-7

Das Königlich Sächsische Ministerium des Innern beehrte mich im December des Vorjahres mit dem Auftrage, Bericht über die zu dieser Zeit in London stattfindende „*Smoke-Abatement-Exhibition*“ zu erstatten. Nach persönlicher Information dort habe ich mich dieses Auftrages durch die Ueberreichung nachfolgenden Berichtes entledigt, zu dessen Veröffentlichung mir das Ministerium die Genehmigung ertheilt hat.

Zu einer Drucklegung und Bekanntgabe dieser Arbeit an weitere Kreise veranlasste mich das allgemeine und zunehmende Interesse an einer Lösung der Rauchfrage und der Umstand, dass in unseren grossen und wachsenden Städten schon gegenwärtig das Bedürfniss Anerkennung findet, den schädlichen Einflüssen von Rauch und Russ nach Möglichkeit Einhalt zu thun. Ich habe daher geglaubt annehmen zu sollen, dass die Veröffentlichung einer geordneten Zusammenstellung der Mittel, die man bis jetzt, namentlich in England, zur Erreichung dieses Zieles angewandt hat, nicht unzeitig erscheint, umsoweniger als die genannte Ausstellung die erste dieser Art war und so reichhaltiges Material für die Anschauung und vergleichende praktische Prüfung vorher nicht zur Verfügung gestanden hat. Wenn auch bei uns Vorzügliches hinsichtlich Rauchverminderung geleistet worden ist

und obwohl eine directe Uebertragung der englischen Verhältnisse auf die unsrigen unthunlich erscheint, so können doch die
englischen Arbeiten auf diesem Gebiete, da sie einem weit ent-
wickelteren Bedürfnisse entsprungen sind, zur Lösung unserer
Rauchfrage ganz wesentlich beitragen und neue Anregung schaffen.

Von besonderem Interesse waren die auf der Ausstellung
angestellten vergleichenden praktischen Versuche mit zahlreichen
rauchvermindernden Apparaten, deren Resultate diesem Berichte
folgen sollen, sobald sie mir von englischer Seite zugänglich gemacht sein werden.

Friedr. Siemens.

Inhaltsverzeichniss.

Einleitung.

Nach eingehender Besichtigung und Prüfung der auf der Londoner Ausstellung für Rauchverminderung (*smoke abatement exhibition*) mannigfältig vorhandenen und grösstentheils im Betriebe befindlichen Apparate, konnte sich meine früher gehabte Ueberzeugung nur verstärken, dass es wohl kaum eine Aufgabe giebt, welche weniger geeignet erscheint, nach allgemeinen Regeln gelöst zu werden, wie die Abstellung des Rauches bei den gewöhnlich gebräuchlichen directen Feuerungsanlagen, dass es dagegen durchführbar oder mindestens weniger schwierig ist, für bestimmt vorliegende Fälle entsprechende Einrichtungen zur Abwendung des Uebels vorzuschreiben.

Eine wirkliche Beseitigung des Rauches für alle Fälle passend, ohne jede specielle Anwendung besonders behandeln zu müssen, lässt sich in beschränkter Weise durch die Benutzung von rauchlosem Brennmateriale, wie Cokes oder Anthracit, allgemein aber nur durch die Einführung der Gasfeuerung erreichen. Da letztere Form der Feuerung für Heizzwecke zwar sehr ökonomisch und unter gewissen Umständen auch billig ist, zu allgemeiner Einführung aber nur durch Anlage centraler Gasgeneratoren gelangen kann, so muss man sich vorläufig noch mit der Behandlung der einzelnen Fälle, wie oben erwähnt, beschäftigen. Diesen Standpunkt einnehmend werde ich es versuchen, wirksame Anordnungen anzugeben, solche aber erst zum Schluss präcisiren, nachdem ich die wichtigeren der in der *smoke abatement exhibition* in London ausgestellten Einrichtungen beschrieben und auf ihren wahren Werth und Anwendungskreis zurückgeführt habe. Es bleibt jedoch nicht ausgeschlossen, die Gasfeuerung auch für jetzt bestehende Verhältnisse in sehr vielen Fällen als mit Vortheil anwendbar zu bezeichnen.

Es sind demnach bezüglich der Rauchverbrennung drei verschiedene Standpunkte einzunehmen:

1. Die ausschliessliche Anwendung von nicht rauchbildenden Brennstoffen einzuführen, welcher Standpunkt ein beschränkter ist, weil die endgültige Lösung der Rauchfrage nur dann erreicht wird, wenn sämmtliche zu Gebote stehenden Brennstoffe verwendbar sind.

2. Eine Rauchverminderung dadurch anzustreben, dass man die bestehenden directen Feuerungsanlagen verbessert oder deren Betrieb nach bestimmten Vorschriften regulirt.

3. Die vollkommene Beseitigung des Rauches vermittelst allgemeiner Einführung der Gasfeuerung zu erreichen.

Wie aus der Benennung *„smoke abatement exhibition“* bereits hervorgeht, ist es der zweite Standpunkt auf welchen das Hauptgewicht in obiger Ausstellung gelegt wurde, trotzdem dieselbe auch für die anderen beiden Fälle reichliches Material lieferte, genügend um auch den dritten Standpunkt, nämlich die Möglichkeit den Rauch ganz zu beseitigen, vollkommen zu rechtfertigen.

Ich will zunächst die Entstehung und Entwickelung der erwähnten Ausstellung, aus der Einleitung des *„Descriptive Catalogue“* übersetzt folgen lassen. Derselbe enthält auch einen Bericht über die in England bezüglich der Rauchverminderung erlassenen Gesetze und Verordnungen, die von allgemeinem Interesse sind und zeigen, dass und mit welchen Mitteln man schon früher dort versucht hat, dem Uebel auf gesetzlichem Wege zu steuern, leider aber, wegen der ausserordentlich schwierigen Durchführung der bezüglichen Gesetze, vollen Erfolg nicht erzielen konnte.

Ich bemerke noch, dass mein Ingenieur Herr Max. Herrmann es übernahm die Uebersetzungen aus dem Englischen zu bewerkstelligen und dass derselbe auch bei Auswahl des Stoffes, sowie in der Anfertigung der Skizzen wirksam an der Herstellung dieses Berichtes mitgearbeitet hat.

Uebersetzung

aus dem

„Descriptive Catalogue“.

Das Entstehen des Ausstellungscomitee's wird im Berichte der National Health Society, Januar 1881 wie folgt beschrieben:

Die Lösung der Rauchverminderungsfrage, zu dem Zwecke, die Atmosphäre von London zu reinigen und den gesundheitsschädlichen Character der Londoner Nebel zu vermindern, ist von der Gesellschaft während des verflossenen Jahres energisch in Angriff genommen worden.

Im Frühjahr 1880 wurde dieser Gegenstand durch Mr. Ernest Hart, den Rathsvorsitzenden (*Chairman of the Council*), der sehr wünschte thätigen Antheil an den Arbeiten des Comitee's zu nehmen, letzterem unterbreitet und wurde derselbe aufgefordert Schritte zu thun, um die Frage in eine für weiteres Vorgehen geeignete praktische Form zu bringen. Zu diesem Zwecke setzte sich Mr. Hart mit Professor Chandler Roberts F. R. S., Professor der Metallurgie an der Bergakademie und Chemiker der Münze, in Verbindung, welcher es unternahm, eine Untersuchung über die bis jetzt in Gebrauch befindlichen Feuerungsmethoden von Kohlen im Haushalte, im offnen Kamin und in Feuerungsanlagen überhaupt anzustellen. Weitere Schritte wurden gethan, um eingehende Auskunft über die in den einzelnen Theilen des Königreiches in Anwendung befindlichen Apparate und verschiedenen Brennmaterialien zu erhalten, und so konnte eine beträchtliche Sammlung von Unterlagen dem sich später bildenden Comitee zu Verfügung gestellt werden.

Im Juli hörte Mr. Hart von Miss Octavia Hill, Schatzmeisterin der *Kyrle Society*, dass diese Gesellschaft in derselben Richtung vorzugehen beabsichtigte und es wurde zwischen Miss Hill und Mr. Kart abgemacht, dass, die Genehmigung der betreffenden Gesellschaften vorausgesetzt, ein vereinigtes Comitee gebildet werden sollte zum Zwecke der weiteren Inangriffnahme dieser Sache. Ein solches Comitee wurde

1*

demgemäss ernannt, und hielt seine Sitzungen in den Räumen der Gesellschaft. Man einigte sich über einen bestimmten Weg, der in dieser Sache einzuschlagen sei und entwarf ein vorläufiges Programm. Verschiedene hervorragende Personen, die mit dem Gegenstande besonders vertraut waren, (nicht alle den beiden Gesellschaften angehörig), wurden gebeten, sich dem Comitee anzuschliessen.

Der erste von dem Comitee unternommene Schritt war, mit Bergwerksbesitzern und Fabrikanten von Heizapparaten über die passendsten Mittel zur Rauchverminderung in Verbindung zu treten und ferner mit den Londoner Districtsbehörden und öffentlichen Gesellschaften zu verkehren, um deren Aufmerksamkeit auf das ernste und wachsende Uebel zu lenken, sowie deren Mitwirkung zur Verminderung desselben zu erbitten.

Bericht über das Gesetz Rauch betreffend.

Das Comitee ersuchte zunächst den Advokaten Mr. J. L. Whittle, eines seiner Mitglieder, über den gegenwärtigen Stand des auf Rauch bezüglichen Gesetzes und über die Art und Weise, es in Anwendung zu bringen, zu berichten.

Es ist zuerst darauf aufmerksam zu machen, dass ein Gesetz zur Verhinderung des Rauches für häusliche Zwecke nicht besteht, den Fall ausgenommen, dass ein Schornstein oder ein Feuer durch seinen Rauch eine oder mehrere Personen belästigt. Solche Fälle können vorkommen und werden dieselben unter dem gewöhnlichen, die Belästigungen betreffenden Gesetze behandelt, wie im Falle der Hinwegnahme des Lichtes (z. B. durch Neubaue) u. s. w. Es existirt aber kein Gesetz, das häusliche Feuerungen betrifft.

Immerhin ist eine bedeutende Menge von Verordnungen vorhanden, um die Verbreitung von Rauch oder anderen Gasen, wo dieselben durch irgend einen Geschäftsbetrieb gebildet werden, zu verhindern.

Das Alkali-Gesetz 26 und 27 Vic. c. 124, 1863, und die dazu gehörigen revidirten Gesetze sind insofern von Wichtigkeit, als sie zeigen, inwieweit der Staat sich damit beschäftigt hat, die Verunreinigung der Atmosphäre zu verhindern und ebenso die in solchen Fällen anwendbaren Hülfsmittel anzugeben. Die Gesetze sind durch einen Inspector der Ortsbehörde (*Inspector of the Local Government Board*) in Ausführung gebracht worden. Die Berichte von Dr. Angus Smith, dem gegenwärtigen Inspector, zeigen besonders klar die beste Art wie dergleichen Belästigungen (*nuisances*) zu behandeln sind. Dass Rauch, abgesehen von Säuren und Gasen mit offenbar gesundheitsgefährlichen Eigenschaften, immerhin eine ernste Unannehmlichkeit ist, wurde durch die Gesetzgebung in einer oder der anderen Form schon vor einer Reihe von Jahren anerkannt:

Durch das *Railway Clanses Consolidation Act* 1843, 8. u. 9. Vic. c. 20, sec. 114: „Jede Dampflocomotive soll, wenn sie Kohle oder ähnliches Brennmaterial verbraucht, so construirt sein, dass sie ihren eigenen Rauch consumirt“. Strafe £. 5. Summarisches Verfahren.

Durch die Paragraphen des Town Improvement Gesetzes 1847, 10. und 11. Vic. c. 34 sec. 108: „Jeder Kamin und jede geschlossene Feuerung, die nach dem Inkrafttreten dieses Gesetzes zum Zwecke der Erzeugung von Dampf in irgend einer Fabrik, Werkstätte oder Färberei u. s. w. erbaut wird, muss derart construirt sein, dass sie den erzeugten Rauch selbst verzehrt; wenn nicht, 40 s. Strafe“.

Diese Vorsichtsmassregeln, welche für das Land allgemein gelten, sind in sehr fasslicher Form ausgedrückt in dem Gesetz, die öffentliche Gesundheit betreffend, *Public Health Act* 1875, 38 und 39 Vic., cap. 55, sec. 91. subsec. 7: „Irgendwelche Feuerungen oder Oefen, die soweit dies praktisch erreichbar ist, den Rauch nicht verzehren, der durch das darin verbrannte Feuerungsmaterial entwickelt wird, und die zur Dampferzeugung oder in Mühlen, Fabriken, Färbereien, Brauereien, Bäckereien, Gasanstalten oder für irgend einen Fabrikations- oder Handwerksbetrieb benutzt werden, ferner jedweder Schornstein (ausgenommen Schornsteine von Privatwohnhäusern), der schwarzen Rauch in derartigen Quantitäten ausgiebt, dass dieser eine Belästigung bildet, sollen als solche (*nuisance*), die dem summarischen Verfahren ausgesetzt sind, betrachtet werden. Mit Ausnahme des Falles, wo eine Person vor irgend einen Gerichtshof gefordert wird wegen öffentlicher Belästigung durch eine Feuerung, die ihren Rauch nicht consumirt, soll das Gericht, wenn es davon überzeugt ist, dass die betreffende Feuerung derart construirt sei, dass sie ihren eigenen Rauch, soweit dies durch die Natur des Fabrikations- oder Handwerksbetriebes möglich ist, consumirt, und dass diese Feuerung von der damit betrauten Person sorgfältig bedient wird, dahin entscheiden, dass eine Belästigung im Sinne dieses Gesetzes nicht verursacht ist und es soll die Klage zurückgewiesen werden.

Artikel 92 macht es jeder localen Behörde zur Pflicht, ihren Distrikt zu beaufsichtigen und dieses Gesetz durchzuführen, ebenso alle in Kraft befindlichen auf die Rauchverbrennung in Feuerungsanlagen jeder Art bezüglichen Gesetze innerhalb ihres Distriktes anzuwenden.

Artikel 93. Jede Person kann der Ortsobrigkeit Anzeige machen.

Artikel 94. Wenn die Ortsobrigkeit auf geschehene Anzeige hin, von dem Bestehen einer Belästigung überzeugt ist, kann dieselbe verfügen, dass dem betreffenden Uebelstande innerhalb gewisser Zeit abgeholfen werden muss.

Artikel 95. Geschieht dies nicht oder ist ein Rückfall wahrscheinlich, erfolgt Vorladung vor den Richter; Kosten und Strafe £ 5.—.—.

Artikel 102. Inspection in den Stunden von 9—6 Uhr oder überhaupt während des Geschäftsbetriebes.

Artikel 106. Wenn die Staatsbehörde überzeugt ist, dass die Ortsbehörde Vernachlässigung eintreten lässt, kann ein Polizeibeamter beauftragt werden einzuschreiten.

Artikel 107. Die Ortsbehörde kann in gewissen Fällen bei höheren Behörden gesetzliche Schritte thun.

Artikel 112. Belästigende Geschäftsbetriebe dürfen innerhalb des Distriktes der städtischen Behörde ohne deren Genehmigung nicht eingerichtet werden, wie z. B. Blut-, Seifen- und Knochensiedereien, Talgschmelzen, Gerbereien, Schlachthöfe u. s. w.

Artikel 108 behandelt Belästigung innerhalb des Distriktes, durch Fabriken ausserhalb desselben verursacht.

Schon ehe das öffentliche Gesundheitsgesetz, welches sich auf das ganze Königreich mit Ausnahme des Londoner Distrikts bezieht, rechtskräftig wurde, sind verschiedene Localgesetze geschaffen worden, die Massregeln bezüglich Rauchverminderung enthalten. Von diesen ist die bemerkenswertheste und der Thätigkeit dieses Comitee's am nächsten liegende, das Rauchbelästigungsgesetz (*Metropolis Act* 1853), welches verfügt, dass jeder in einer Fabrik oder in anderen Gebäuden zum Betriebe eines Geschäfts verwendete Ofen in allen Fällen so eingerichtet oder umgeändert werden soll, dass er den von seiner Feuerung gebildeten Rauch selbst verzehrt. £ 5.— Strafe für Eigenthümer oder Werkmeister, welche die Bedienung des Ofens vernachlässigen. Glashütten, die keine Dampfmaschine benützen, sind von der Wirkung dieses Paragraphen ausgeschlossen. Ferner sind die Dampfschiffe auf der Themse ebenfalls derart einzurichten, dass eine Rauchverzehrung gesichert erscheint. Insofern ist eine Einschränkung vorhanden, als, den „Rauch verzehren oder verbrennen“ nicht bedeuten soll, alle und jede Rauchbildung zu vermeiden; wenn der Magistrat davon überzeugt ist, dass der Ofen in einer Weise construirt wurde, um den Rauch, soweit dies überhaupt unter gegebenen Verhältnissen möglich, zu verzehren oder zu verbrennen, kann verfügte Strafe zurückgezahlt werden. Ausserhalb dieser wichtigen Bestimmungen kann eine Verfolgung seitens Einzelner aus der Bewohnerschaft nicht eintreten.

Es liegt den Polizeikommissaren (*Commissioners of Police*) oder dem Staatssecretär (*Secretary of State*) ob, die Anwendung dieses Gesetzes zu verfügen. Thatsache ist, dass man die Ausführung desselben den Polizeiorganen überlassen hat, und zeigen deren Jahresberichte, was überhaupt in der Sache geschehen ist. Obwohl das Gesetz durch das *Smoke Nuisances Amendement Act* 1858, erweitert wurde, war das Resultat desselben leider nicht das gewünschte.

Der letzte Jahresbericht wies 301 Inspectionen von Feuerungsanlagen auf und 200 Fälle von wirklich verfügter Geldstrafe. Ausser diesen 2 Gesetzen von 1853 und 1858 enthält noch das die Beseitigung von Belästigungen allgemein betreffende Gesetz *Nuisances Removal Act* 1866 Vorsichtsmassregeln gegen die Verbreitung von Rauch innerhalb des städtischen Distriktes und sind diese Vorsichtsmassregeln durch die Localbehörde durchzusetzen. Es scheint aber als ob die Gemeindevorstände in der Sache nicht sehr energisch vorgegangen wären und die praktische Frage sich nur auf die Massregeln bezieht, die seitens der Polizei ausgeführt werden.

In einem folgenden Berichte theilt Mr. Whittle mit, dass er seit der letzten Versammlung Gelegenheit gehabt habe, mit einem Polizeicommissar zu verkehren, welcher ihm über die Ausführung der Rauchgesetze innerhalb des Londoner Distriktes Aufschluss gegeben habe. Die Commissare seien davon überzeugt, dass sie mit Erfolg an der Durchführung einer grossen Arbeit geholfen haben und berufen sich auf Diejenigen, welche London längs der Themse und Lambeth 1855 und 1860 gekannt haben, wo Unmassen von schwarzem Rauch sich über die Stadt wälzten, welchem Uebelstande jetzt abgeholfen sei. Im Ganzen scheine es, als sei bedeutende Arbeit auf diesem Gebiete gethan; in jedem Bezirke sei ein Constabler damit beauftragt, die Rauchverhältnisse zu beobachten. Es ist die Pflicht jedes Constablers, von irgend einer Rauchmasse die er beobachtet, Anzeige zu machen und sich zu versichern, woher dieselbe kommt. Zwei Aufforderungen wurden dem Zuwiderhandelnden zugestellt, und wenn die Belästigung nicht abnahm, wurde ein Ingenieur hingeschickt, um sich vom Zustande der Feuerungsanlage zu überzeugen. Der vierte Schritt war, den Eigenthümer des Ofens vorzuladen und gewöhnlich wurde dann auch eine Geldstrafe verfügt. Eine Prüfung oder Untersuchung des Rauches wurde nicht vorgenommen, wie dies in dem *Alkali-Act* vorgesehen ist. Die Gesetze waren einfach darauf gerichtet, grosse Massen schwarzen Rauches los zu werden, ohne den Rauch ganz und gar unterdrücken zu wollen. Inwieweit andere Theile von London ebenso inspicirt werden wie Lambeth, konnte er nicht mittheilen.

Es wurde ausgerechnet, dass 597,289 Privatwohnhäuser in der Stadt vorhanden sind, welche Zahl mit 6 multiplicirt ungefähr die Anzahl derjenigen Feuerungen ergiebt, denen die Rauchmenge unter der London gegenwärtig leidet, entstammt. Als ein Zusatz zum Gesetz schlug er vor, dass in jedem Falle sofort eingeschritten werden sollte, wo die belästigende Rauchbildung 10 Minuten lang anhält, und dass die Behörden nicht warten sollten, wie es gewöhnlich geschieht, bis die Zuwiderhandlung zur Gewohnheit geworden ist. Er würde empfehlen, einen Gesetzentwurf vorzubereiten, die bestehenden Vorschriften zu vereinigen und gewisse Verbesserungen einzuführen; dabei sollte jede einzelne Verordnung mit Hülfe von Fabrikanten besprochen werden.

Vorbereitungen für die Ausstellung in South-Kensington.

Das Comitee ging nun dazu über, mit Erlaubniss der königlichen Commissare für die Weltausstellung von 1851, der Mitglieder des Cultusministeriums und der Mitglieder der königlichen Gartenbaugellschaft Vorbereitungen für die Ausstellung zu treffen, die in den für die internationale Ausstellung von 1862 errichteten Gebäuden stattfinden und umfassen soll: verbesserte Kaminfeuerungen, Oefen, Küchenheerde, Koch-, Wärm-, und andere Apparate aller Art, welche dazu bestimmt sind, die Rauchbildung zu vermindern oder rauchloses Brennmaterial zu consumiren. Die Ausstellung soll auch die verschiedenen bituminösen Anthracite oder rauchlosen Kohlen einschliessen, sowie besonders für Zwecke des Haushalts hergestelltes Brennmaterial. Im Katalog werden die verschiedenen Ausstellungsgegenstände, geordnet und in einzelne Abtheilungen gebracht, aufgeführt werden. Es wurde ebenso die Errichtung einiger Gebäude vorgesehen, um die Wirkungsweise von Kaminfeuern und anderen für den häuslichen Gebrauch geeigneten Apparaten untersuchen zu können; ebenso wurden Vorkehrungen getroffen, um verschiedene Kesselfeuerungsapparate und Feuerungsmaterialien theils in den Ausstellungsgebäuden und der Royal Albert Hall, theils in gewissen Fabriken zu prüfen, deren Eigenthümer diesbezügliche Unterstützung angeboten hatten. Es wurde festgesetzt, dass die Untersuchung der Apparate sich so weit als möglich nach folgenden Vorschriften richten solle:

Versuche von Apparaten und Brennmaterialien.

1. Heizapparate für Hausgebrauch, nämlich Kaminfeuerungen, Oefen und offene Küchenheerde sollen untersucht werden auf ihre Heizkraft, ihre Bequemlichkeit, Vollkommenheit, die Art der Verbrennung und ihre vergleichsweise Wirkung in Beziehung auf Rauchlosigkeit und Nichtentwickelung gesundheitsschädlicher Gase. Verschiedene Brennmaterialien und neue Apparate für Anwendung von Anthracit und anderer rauchloser Kohle sollen untersucht werden. Mit Gas geheizte Apparate, die namentlich in letzterer Zeit wesentlich vervollkommnet wurden, sollen geprüft und verglichen werden.
2. Beziehentlich der Prüfung von Feuerungsanlagen und Apparaten für industrielle Zwecke sind grössere Schwierigkeiten vorhanden; es sollen aber doch einige der neuesten verbesserten Kesselanlagen untersucht werden, besonders zu dem Zwecke, den Verbrauch an Brennstoff, sowie deren Wirkung in Bezug auf Rauchverhinderung und Dampferzeugungsfähigkeit festzustellen.

Das Comitee engagirte zur Ueberwachung der Versuche unter der Leitung des Executivcomitee's Mr. D. Kinnar Clark, M. Inst. C. E.

Professor W. Chandler Roberts F. R. S. hat in Gemeinschaft mit Dr. Frankland F. R. S. die chemische Prüfung für die Versuche mit Brennmaterialien, offnen Heerden und Oefen übernommen.

Das Comitee war der Meinung — und ist in derselben durch zahlreiche Aeusserungen als Resultat der ausgedehnten Correspondenz zwischen erfahrenen Personen aller Bevölkerungsklassen in London, den Provinzen und im Auslande bestärkt worden —, dass eine solche Ausstellung und derartige Versuche unter der Direction eines Comitees von Fachleuten ausgeführt, von nationalem Werthe ist,

1. Da sie unmittelbar eine bessere Nutzbarmachung der Kohle und Kohlenproducte anstrebt.
2. Da sie praktisch und wissenschaftlich die Mittel bestimmt, welche für die Heizung von Wohnhäusern in ihrer gegen-

wärtigen Bauart vortheilhaft sind, um Rauchbildung zu vermeiden.

3. Da sie das Comitee in den Stand setzt, den Gegenstand öffentlich zu untersuchen und darüber zum Zwecke der allgemeinen Information bezüglich der gegenseitigen Anwendbarkeit
der verschiedenen Kohlen und Apparate für die verschiedenen
Anforderungen jeder Klasse der Bevölkerung zu berichten.

4. Indem sie verlässigen Aufschluss giebt, der gestattet, genügende und unparteiische Ergänzungen der bestehenden Gesetze, Rauch betreffend, zu schaffen.

5. Indem sie das Comitee in den Stand setzt, den vergleichs-
weisen Werth der bestehenden Apparate für Gasheizung festzustellen und bekannt zu geben, sowie im Allgemeinen nütz-
liches Material zusammenzubringen um zu entscheiden, inwieweit Rauch überhaupt verhindert werden kann, endlich auch
zahlreiche Erfindungen zu prüfen, von denen viele sehr wenig
bekannt sind.

Bericht über die Versammlung in Grosvenor-House, gehalten Dienstag den 26. Juli 1881.

Seit im October vorigen Jahres das Generalcomitee gebildet wurde,
ist zu seiner Unterstützung wesentlich beigetragen worden, und es ist
dieses jetzt aus denjenigen Personen, deren Namen auf dem diese Versammlung einberufenden Circular genannt sind, zusammengesetzt. Das
Generalcomitee hat seit März alle 14 Tage eine Sitzung gehalten, wenn
nicht besondere Angelegenheiten eine öftere Zusammenkunft nöthig
machten.

Das Executivcomitee wird sich besonders mit dem Arrangement
der bevorstehenden Ausstellung von rauchverhindernden Kaminen u. s. w.
in South-Kensington zu befassen haben.

Das gegenwärtige Bestreben, die Rauchbelästigung zu verhindern,
ist nicht nur ausschliesslich darauf gerichtet, den Rauch von Fabriken,
Bäckereien und anderen Etablissements zu beseitigen, wie dies alle
früheren Bemühungen bezweckten, sondern beabsichtigt, eine Rauchverminderung jeden Ursprungs, einschliesslich der Wohnhäuser. Die Unterstützung des Generalcomitee's seitens der Frauen, besonders die Behandlung der häuslichen Feuerungsanlagen betreffend, wird für ganz

besonders werthvoll gehalten. Die Gesammtmenge des Rauches der häuslichen Feuerungen ist ausserordentlich gross und da dieselben unter die Aufsicht speciell der Frauen kommen, ist das Comitee bestimmt der Meinung, dass deren möglichste Aufmerksamkeit für diesen Gegenstand erbeten werden sollte, ebenso wie deren lebhafte Mitwirkung bei Einführung von verbesserten Heizapparaten für den Hausgebrauch.

Der Hauptzweck, den das Comitee zu erreichen beabsichtigt, ist einerseits die Aufmerksamkeit des grossen Publikums auf den bedeutenden directen und indirecten Geldverlust und den Schaden an Gesundheit und Comfort zu lenken, der dem Kohlenrauch entstammt, und andererseits durch jedes praktische Mittel Erfinder, Geschäftstreibende und Andere anzuspornen und zu ermuthigen, verbesserte Apparate auszustellen, wodurch diese Uebelstände vermindert werden können. Das Comitee kann berichten, dass in jeder Hinsicht entschiedene Fortschritte gemacht worden sind; eine grosse Anzahl von Personen, alle Klassen und Interessen vertretend, sind lebhaft für die grosse Wichtigkeit des Gegenstandes interessirt und einige Hausbesitzer haben sogar bereits Einrichtungen getroffen, die Bildung von Rauch zu verringern. (Durch Aenderung des bisher verwendeten Brennmaterials, durch Aufstellung veränderter oder neuer Kamine oder durch sorgfältigere Behandlung ihrer Feuerungen etc.)

Eine beträchtliche Anzahl von Patenten ist in letzter Zeit auf Neuheiten und Verbesserungen genommen worden und durch einen ausgedehnten Verkehr zwischen Personen nicht nur in London, sondern auch in den Hauptprovinzialstädten findet das Comitee reichlichen und zufriedenstellenden Beweis dafür, dass lebhafte industrielle Thätigkeit um weitere Verbesserungen zu erfinden und einzuführen, gegenwärtig die Oberhand gewinnt, da das Bedürfniss besser eingerichteter Apparate allgemein anerkannt wird.

Als das praktische Mittel diese Verbesserungen zusammenzustellen und im Publikum zu allgemeiner Kenntniss zu bringen, hat das Comitee zufolge der Beschlüsse der öffentlichen Versammlungen im Mansion House in Kensington u. s. w. sich bemüht, eine grosse allgemeine Ausstellung aller verschiedenen rauchverhindernden Heizapparate zu Stande zu bringen, die im nächsten November in South-Kensington eröffnet werden soll.

In Verbindung mit dieser werden öffentliche Vorträge über Rauchverminderung, Heizung u. s. w. stattfinden. Weitere Einzelheiten über diese Ausstellung finden sich in den hier ausliegenden Circularen.

Es ist die Absicht des Comitee's die Ausstellung in möglichst vollkommener und praktischer Weise durchzuführen, sodass dieselbe nicht nur eine einfache Schaustellung von Brennmaterialien und Apparaten bildet, sondern zu einer thatsächlichen Prüfung und Vergleichung die Mittel bieten, ebensowohl als zu einer interessanten Unterhaltung werden soll. Zu diesem Zwecke wird die Ausführung einer vollständigen Versuchsreihe in ausgedehntem Masse für jede Art Apparate, die zur Erwärmung von Wohnhäusern, Vorsälen, öffentlichen Gebäuden, ebensowohl als für Feuerungen und Kessel für industrielle Zwecke bestimmt sind, in Vorschlag gebracht.

Es wird ebenso beabsichtigt, Preise und Medaillen in einer der Wichtigkeit der Sache angemessenen Weise zur Vertheilung zu bringen. Alles dies erfordert natürlich bedeutende Geldausgaben; in der Absicht, die Ausstellung wirklich zu einer solchen zu machen, die zur Vermehrung wahren Wissens beiträgt und zu gesundem und verlässlichem Fortschritt verhilft, wendet sich das Comitee mit Vertrauen an die heutige Versammlung und an das Publikum mit der Bitte, durch namhafte Beiträge die vorhandenen Fonds zu unterstützen. Nach der Anzahl der bereits zur Ausstellung angemeldeten Erfindungen können die zum Versuch und der öffentlichen Bekanntmachung der Resultate nöthigen Kosten auf etwa £. 2000. —. —. geschätzt werden; dieser Betrag wird ausser der jetzt vorhandenen Summe gebraucht. Es sollte entschieden im Auge behalten werden, dass ein materieller Gewinn irgend welcher Art durch diese Ausstellung nicht beabsichtigt ist, sondern vorgeschlagen wird, den Fond einzig und allein für die Beförderung des Zweckes zu sammeln und auszugeben.

In Betracht der zunehmenden Kohlenproduction des vereinigten Königreiches (etwa 13,000,000 Tons im vorigen Jahre, und 127,000 Tons bis zum 30. Juni dieses Jahres in London allein consumirt) und in Anbetracht des bedeutenden Wachsthums von London und der grossen Städte, die mehr und mehr durch zunehmenden Rauch zu leiden haben, ist der Zweck dieser Ausstellung von der grössten Wichtigkeit, sowohl aus wirthschaftlichen, als aus sanitären Gründen. Die Bemühungen des Comitee's zu einer praktischen und vortheilhaften Lösung der Rauchfrage durch Beförderung von Verbesserungen im Heizwesen zu gelangen, hat sich allgemein empfohlen.

Fabrikanten haben ihre Werkstätten für Versuche angeboten, und die Handelskammer hat speciellen Schutz für alle neuen auf der Ausstellung gezeigten Erfindungen gewährt.

Der Secretär der Admiralität hat seine Bereitwilligkeit ausgedrückt, ein Gesuch des Comitee's die Vornahme von Versuchen in den Dock Yards betreffend, wenn solche für wünschenswerth gehalten werden, günstig aufzunehmen. Earl Granville, hat seitens des auswärtigen Amtes die Mittheilung des Ausstellungsprogramms an Sr. Majestät Gesandte mit besonderer Liebenswürdigkeit zugesagt, damit auch Erfindungen und Beiträge anderer Länder ermöglicht und verwerthbar gemacht werden können.

Wenn auch das Comitee die angedeuteten Schritte gethan hat, so hat es doch nicht versäumt, die Aufmerksamkeit verschiedener Behörden auf die exactere Durchführung der bestehenden Rauchgesetze zu lenken, namentlich in West Ham (durch Sir Antonio Brady ein thätiges Mitglied des Comitee's) da gerade West Ham ein besonders rauchiges Viertel von London ist.

In der Hauptsache aber zählt das Comitee auf den Einfluss des guten Willens und gemeinschaftlichen Interesses, welche es zur Förderung seiner Bestrebungen, an deren Verwirklichung alle Theile der Bevölkerung ernstlich Antheil haben, anruft.

Dr. C. W. Siemens sagte, er selbst bemerke nichts bezüglich der Wirkung des Rauches auf die Gesundheit; es sei dies Sache der Physiologen und Mediciner. Die grosse Theilnahme an der gegenwärtigen Versammlung sei eine Beweis, dass man im Rauche eine Belästigung thatsächlich erblicke. Rauch sei uns nicht nur unangehm, er verderbe auch unsere Sachen (*fabrics*); es sei nur zu wohl bekannt, dass Vorhänge und Möbel jeder Art in London öfters Reinigung resp. Ersatz bedürften, während diese auf dem Lande ihre Frische jedenfalls für ebensoviel Jahre beibehalten würden, als Monate unter Einfluss der Londoner Atmosphäre. Die erste Frage sei vor allen Dingen, ob Rauch aus Sparsamkeitsrücksichten bekämpft werden solle. Vor 20 Jahren habe er zusammen mit seinem Bruder Friedrich Siemens einen Gasofen construirt, der ausgedehnte Anwendung gefunden habe. (Erstes Patent in England vom 22. Januar 1861. Frederick Siemens and Charles William Siemens.) Er habe zuerst angebahnt, nicht nur Rauch zu verhindern, sondern auch Brennmaterial zu sparen und Resultate in praktisch-technischer Beziehung zu erzielen, wie solche durch gewöhnliches Brennmaterial nicht erreichbar sind. In diesem Ofen wurde das Brennmaterial in Kohlengas verwandelt — nicht Gas, wie wir es zur Beleuchtung in unseren Häusern benützen, sondern von einer geringwerthigeren Art — das in grossen Rohren fortgeleitet wurde, um unter besonderen Bedingungen verbraucht zu werden. Dabei war niemals irgend welche Rauchentwicklung zu bemerken. Rauch sei das Product von unvollkommener Verbrennung und es habe die Unvollkommenheit derselben wesentlich ihren Grund in der unregelmässigen Zuführung des Brennmaterials zum Verbrennungsorte.

Wenn das Brennmaterial Stück für Stück und continuirlich zugeführt werden könnte, würde es möglich sein festes Heizmaterial ohne Rauch zu verbrennen, aber da dies undurchführbar erscheine, sei man genöthigt, eine grosse Menge festen Brennmaterials auf einmal anzulegen. Wenn die Hitze auf dies Brennmaterial wirkt, wird es in Kohlengas verwandelt, und da der Zutritt atmosphärischer Luft ein begrenzter ist, entweicht das gebildete Gas in Form von Rauch durch den Schornstein und entführt nutzlos die Hitze, die sonst von dem Brennmateriale zu erhalten wäre. Folgende Resultate wurden durch Verbrennung verschiedener Heizstoffe erhalten:

	reinem Kohlenstoff	14544
	Coke (angenähert)	12500
Durch die	Kohle (angenähert)	11000
Verbrennung	schwerem Kohlenwasserstoffgas	21344
von	Sumpfgas	23513
	Wasserstoff	62032
	Kohlenoxydgas von 1 pound Kohlenstoff .	10100

(Wärmeeinheiten.)

Dadurch sei ein klarer Beweis zu Gunsten des Gases als Heizmaterial erbracht. Wenn Gas verbrannt wird, erhalten wir zwar denselben Heizeffect mit dem halben Verbrauche von festem Brennmateriale und dem halben Verbrauche von atmosphärischer Luft; es ist aber andererseits auch Wärme nothwendig um die einzelnen Theile des festen Brennmateriales durch trockene Destillation in Gas überzuführen. Daher entsteht die Frage von selbst: Ist es denn überhaupt öconomisch, Gas statt Kohle zu benützen? Wenn auch die Wirkung doppelt so gross ist, würden dann die Kosten nicht mehr als das Doppelte betragen? Bis jetzt sei dies allerdings der Fall gewesen, aber er glaube, die Mittel an der Hand zu haben, wodurch die mit Gas als Heizmaterial verbundenen grösseren Kosten der Ueberführung in Gasform wesentlich reducirt werden können. Die Gasgesellschaften liefern gegenwärtig ein Gas von 14 — 16 Candles Leuchtkraft als Product der Kohlendestillation. Während des Destillationsprocesses hat das aus der Retorte entweichende Gas zu gewissen Perioden sehr wenig Leuchtkraft, während es zu anderer Zeit des Processes besonders hohe Leuchtkraft besitzt. Der interessante Umstand bei diesem Vorgange sei, dass, wenn das Gas geringe Leuchtkraft besitzt, es den grösstmöglichen Heizwerth hat. Daher würde nothwendiger Weise, im Falle Gas allgemein als Heizmaterial für häusliche Zwecke eingeführt würde, für die Gasgesellschaften die Frage entstehen: Ist es zweckmässig Leuchtgas mit Heizgas zu mischen und Gas zu liefern, das weder für den einen noch den anderen Zweck vollkommen geeignet ist? Würde es nicht vorzuziehen sein, Gas von hoher Leuchtkraft gesondert zu liefern, um uns mit Heizgas zu einem billigeren Preise versorgen zu können? Er habe diese Angelegenheit vor die Gesellschaft der Gasdirectoren gebracht, um all die Einwände kennen zu lernen, welche dagegen vorgebracht werden können und obgleich einige der Gasfachleute nicht ganz unbefangen urtheilten, sprächen doch alle Beweismittel zu Gunsten seines Vorschlages. Er glaube, dass die Gasgesellschaften im Stande sein würden, für Heizzwecke passendes Gas etwa für den Preis eines Schilling für 1000 Cub. Fuss zu liefern, neben einem Gas von bedeutend grösserer Leuchtkraft. Ein Franzose, Mr. Ellisen, der mehrere Jahre der Chemiker der Pariser Gaswerke war und der gegenwärtig Vorsitzender der Gesellschaft französischer Gasingenieure ist, habe ihm einige besonders interessante, auf diesen Gegenstand bezügliche Thatsachen mitgetheilt, die bei Gelegenheit von zu anderen Zwecken mit Mr. Regnault zusammen ausgeführten Versuchen gefunden wurden. Es stellte sich heraus, dass die vollständige Destillation von Gas aus einer Retorte eine Leuchtkraft von 13,5 Candles ergiebt, während, wenn nur ein Drittel dieser Gasmenge für Leuchtzwecke Verwendung findet und der andere Theil für Heizzwecke reservirt wird, die Leuchtkraft bis 18,04 Candles steigt, wie die folgende Tabelle angiebt.

Mr. Ellisen's Resultate:

	Cubikfuss.	Lichtstärke in Candles.
Gemischtes Gas	10573,2	13,50.
$\frac{1}{3}$ Leucht- $\frac{2}{3}$ Heizgas	3524	18,04.
$\frac{1}{2}$ „ $\frac{1}{2}$ „	„	16,78.
$\frac{2}{3}$ „ $\frac{1}{3}$ „	„	16,25.

Durch dieses einfache Verfahren könne das Gas ganz wesentlich bezüglich seiner Leuchtkraft verbessert werden. Es würde dann ein Heizgas, welches man zu einem wesentlich niedrigeren Preise liefern könnte erzeugt, da es nicht nöthig sei, dasselbe von allen fremden Bestandtheilen wie Schwefel u. s. w. zu reinigen. Es würde dann der Verbrauch von Gas als Heizmaterial sofort ganz wesentlich vermehrt werden. Wir hören täglich von neuen Apparaten zum Zwecke der Verwendung von Gas als Heizmaterial; wenn Gas für Heizzwecke billiger geliefert werden könnte, sei er vollkommen überzeugt, dass durch die vereinigte Verwendung von Gas und Cokes oder Gas mit Anthracit oder rauchloser Kohle man nicht nur ebenso freundliche Feuer erhalten würde als jetzt, sondern auch noch bezüglich der Kosten und Bedienung der Kamine wesentlich sparen könnte. Es sei noch ein anderer Vortheil mit dem gasförmigen Brennmateriale verknüpft, es brauche nicht in die Stadt gebracht zu werden, es käme von selbst; es würde dies einen grossen Theil des sehr unangenehmen Verkehrs unserer übervölkerten Städte, sowie eine Menge von Unbequemlichkeit und Schmutz in unserem

Haushalte beseitigen. Er gehe sogar so weit, zu behaupten, dass, wo immer Rauch zu sehen sei, dies eine Brennmaterialienverschwendung anzeige; diese beiden Factoren seien unzertrennlich. Der zu Gunsten der Kohle vorgebrachte Einwand, dieselbe erfordere die wenigste Vorbereitung, wie dies leicht durch Dienstboten von wenig Bildung bei Anwendung von dergleichen Sachen aufgefasst wird, ist wie alle solche Gründe durchaus nicht stichhaltig. Gasförmiges Brennmaterial sei das Bequemste, und es sei möglich, es auch zu dem billigsten, das zu unserer Verfügung stehe, zu machen. Er hoffe, dass die Versammlung derart vorgehen und Erfolg in Erreichung des in Aussicht genommenen Zweckes haben würde, dass die Atmosphäre von London an einem Novembertage ebenso klar sein würde als gegenwärtig. Er schloss mit Formulirung folgenden Antrages:

> Die gegenwärtige rauchige Beschaffenheit der Atmosphäre von London ist von schädlichem Einflusse auf die Gesundheit und das Wohlbefinden der Einwohner. Sie befördert die Zerstörung und Beschädigung öffentlicher Gebäude und feiner Webstoffe (*perishable fabrics*), und verursacht in verschiedener Beziehung sonst unnöthige Ausgaben.

Sir Henry Thompson sagte, er sei aufgefordert worden, einige Bemerkungen über den Theil des Antrages zu machen, welcher lautet, „dass die rauchige Beschaffenheit der Atmosphäre von schädlichem Einflusse auf die Gesundheit und das Wohlbefinden der Einwohner sei."

Der Vorsitzende habe ihm versichert, was er nur schwer glauben könne, dass es noch immer Personen gäbe, welche an dieser Thatsache zweifeln. Er sei schwer davon zu überzeugen, dass dem wirklich so sei. Es könne eine andere Wirkung von der mit unverbranntem Brennmateriale gemischten Luft, die wir athmen, nicht erzeugt werden, als eine für unsere Athmungsorgane nachtheilige. Bei näherem Eingehen auf diese Sache möchte er zwei Gesichtspunkte nennen, von welchen aus dieselbe betrachtet werden könne.

1. Verursacht der in die Athmungsorgane gelangte fremde Stoff, letzteren Schaden? und
2. Steht er anderen, möglicherweise günstigen Einflüssen im Wege?

Zunächst ist bezüglich des thatsächlichen Uebelstandes folgendes zu bemerken.

Es giebt in London eine ausserordentlich grosse Zahl von gesunden Menschen, von welchen eine ganz bedeutende Rauchmenge eingeathmet werden kann, ohne dass sie wesentliche Beschwerde davon haben. Er sei nicht dazu geneigt sich ohne Weiteres das Vorhandensein eines grossen und ernstlichen Uebelstandes einzubilden, er sei vielmehr der Ueberzeugung, dass der menschliche Körper eine bedeutende Fähigkeit besitze, die entstandenen Uebel auf die verschiedenste Weise wieder los zu werden. Es gäbe aber auch andere Menschen, die sich voller Gesundheit nicht erfreuten und die sehr fühlbar von den Stoffmassen litten, die sie einathmen müssen. Der Rauch sei nicht nur absolut gefährlich für diese Personen in ebenerwähnter Hinsicht, sondern auch in anderer weniger augenfälliger Weise, nämlich dadurch, dass die immensen Massen von in der Atmosphäre vertheilten Rauchwolken, das in verschiedener Beziehung so nützliche Licht wegnehmen. Es sei gewiss, dass die Einwirkung des Lichtes, so unmerklich uns dieselbe auch erscheine, fast ebenso nothwendig sei, als die Nahrung, die wir geniessen. Er habe seine Jugend auf dem Lande verlebt und da er aus diesem Grunde eine Vorliebe für das Landleben besitze, könne er auch in London nicht ohne seine Pflanzen leben; diese könne er aber nur zu gesunder Entwickelung, durch vollständige Fernhaltung allen und jeden Rauches bringen. Wenn die rauchige Atmosphäre auf die Pflanzen einwirke, so würden die festen Theilchen derselben viele der kleinen Oeffnungen verschliessen, durch welche sie athmen und sie müssten unabänderlich eingehen, wenn sie nicht gegen den Einfluss des Rauches geschützt würden. Es stehe dies in gewisser Beziehung zu unserem Leben. Er habe öfter junge Damen beschäftigt gefunden, die Blumen eines Empfangszimmers mit dem Schwamm zu behandeln, um die Poren der Blätter von dem schädlichen Kohlenstoffe zu befreien. Ueber die Frage bezüglich des Lichtes könne viel mehr gesprochen werden, er glaube aber genug angeführt zu haben, um den Wunsch, aus gesundheitlichen Gründen in einer rauchfreien Atmosphäre zu leben, gerechtfertigt zu finden. Er wolle nichts über die Wirkung von Rauch auf öffentliche Gebäude und feine Gewebe sagen, es sei dies zu augenscheinlich. Er stimme dem Vorschlage des Dr. Siemens, Gas in unseren Zimmern zu benützen bei; er habe während 20 Jahren 4 Gasfeuer mit tadelloser Ventilation in seinem Hause in Thätigkeit. Es sei der grösste Irrthum, anzunehmen, dass Gasfeuer gefährlicher seien als andere; alles was man zu thun habe sei nur, dafür zu sorgen, dass die Verbrennungsproducte durch einen Schornstein abgeführt werden. Diese Gasfeuer verursachen den Dienstboten keine Mühe, erzeugen keinen Staub im Zimmer und sind von ganz besonders vollkommener Wirkungsweise, sowohl mit Rücksicht auf die Schonung von Büchern und Kleidern als auch zur Unterhaltung eines gewünschten Hitzegrades. Er glaube, dass bei der im November geplanten Ausstellung noch etwas besseres gefunden werden könne.

Dr. Quain unterstützte den Antrag vom medicinischen Standpunkte, sprach seine Zustimmung zu dem von Dr. Siemens befürworteten Plane aus und bestätigte alles von Sir Henry Thompson über die Wirkung von Rauch auf die Gesundheit und die Pflanzen Angeführte.

Mr. Spencer Wells unterstützte ebenso den Antrag von gleichem Gesichtspunkte.

Mr. J. G. Romanes unterstützte den Antrag als Physiolog und sagte, dass die erste sich von selbst darbietende Frage die bezüglich des Lichtes sei. Es sei keine andere Thatsache für Physiologen sicherer, als die Nothwendigkeit des Lichtes zur Erzeugung von Pflanzen und Thieren. Indem wir der Luft etwas zufügen verdrängen wir damit eine gewisse Menge Sauerstoff. Der Kohlenstoff in sehr feiner Form tritt in die Zellgewebe und bewirkt eine Verstopfung der Poren, die mit einer Kohlenstoffschicht umhüllt werden, welche das Zellgewebe überzieht. Es sei eine ausgezeichnete Erläuterung, welche Sir Henry Thompson von dem Einflusse des Rauches auf Pflanzen gegeben habe; man habe durch derartige Beispiele ein sehr gutes Bild von dem nachtheiligen Einflusse des Kohlendampfes auf den Process der Lebensthätigkeit. Er habe in Halifax und auch an anderen Orten bemerkt, dass die Bäume durch die um sie vorhandene rauchige Atmosphäre thatsächlich angegriffen worden seien. In den Secirzimmern der Hospitäler sei gefunden worden, dass die Lungen der Patienten mit einer schwarzen Schicht Kohlenstoff überzogen waren. Man könne aber unmöglich die Lungen dieser Leute bei Lebzeiten mit dem Schwamm abwaschen wie man dies mit Pflanzenblättern thun könne. Die ländliche Bevölkerung sei in der Regel von festerer Gesundheit als die städtische, aber man müsse im Auge behalten, dass der Vergleich kaum ein richtiger ist. In der Stadt seien es nur die stärksten Individuen, welche überhaupt am Leben bleiben, und obgleich die Sterblichkeit in Städten höher ist, sind die Städtebewohner doch naturgemäss von zäherer Körperbeschaffenheit als die Landleute. Darüber sei kein Zweifel, dass wir durch Einathmen von Rauch, thatsächlich unser Leben verkürzen. Ganz zutreffend sei bemerkt worden, dass Kohlenstoff in verschiedener Beziehung antiseptisch wirke, es würde aber absurd sein, voraussetzen zu wollen, dass er dies in jeder Beziehung thue. Auch darüber kann kein Zweifel vorhanden sein, dass wir durch Beseitigung allen Rauches in unseren Städten die Lebensdauer ihrer Bewohner verlängern würden. Er glaube, es seien viele Personen gegenwärtig, die, wie er selbst, sehr gern die Stadt mit dem Lande vertauschen und kein Bedauern empfinden würden, dass sie dem Rauche mit all seinen antiseptischen Eigenschaften aus dem Wege gehen.

Mr. Burton (Nationalgallerie) constatirte den Einfluss des Rauches auf Kunstwerke und stellte den zweiten Antrag:

> Die Versammlung möge dem Comitee für Rauchverminderung der *National Health Society* und *Kyrle Society* ihren Beifall aussprechen für seine Thätigkeit zur Förderung der in South Kensington im nächsten October zu eröffnenden Ausstellung und der daselbst mit verbesserten rauchverhindernden Heizmitteln beabsichtigten Versuche.

Sir Antonio Brady, der diesen Antrag unterstützte, sagte, er habe der Versuchung nicht widerstehen können, gegenwärtig zu sein, da er in dem Theile von London wohne, auf welchen in dem Berichte Bezug genommen worden sei. Diese Versammlung, glaube er, sei dazu bestimmt, den Einwohnern von London eine grosse Wohlthat zu Theil werden zu lassen. Er halte es für eine Schwäche, dass die Behörden des Landes nicht im Stande seien, ein Gesetz entsprechend in Anwendung zu bringen. Er glaube, dass wenn in dem Gesetze an Stelle des Wortes „können" (*may*) das Wort „müssen" (*shall*) gesetzt würde, obengenanntem Uebelstande wesentlich vorgebeugt sei. In der Versammlung dieser Gesellschaft im Mansion House sei klargelegt worden, dass eine Nothwendigkeit für Rauchbildung nicht existirt, und dass es im Interesse der Fabrikanten selbst liegt, aus Sparsamkeitsrücksichten den Rauch thunlichst zu vermeiden. Mr. Alexander Fraser von der Firma Messrs. Truman, Hanbury, Buxton & Co. constatirte darauf, dass diese durch geringeren Kohlenverbrauch seit Einführung der Rauchverbrennung bei ihren Feuerungen 80000 £. gespart hätten. Wenn also Fabrikanten dies nur einsehen wollten, hätten sie eine grosse Zukunft vor sich. Als er (Sir Antonio Brady) zuerst in West Ham lebte, betrug die Bevölkerung noch nicht 10000 Personen; West Ham sei eine Vorstadt gewesen, so lange bis der Stadtrath mit Rücksichtnahme auf die Gesundheit der eigenen Bevölkerung, alle Fabrikanten aus Middlesex verbannte und dieselben über die Grenze nach West Ham zogen, um dort ihr schädliches Treiben wie früher fortzusetzen. Wenn der gegenwärtige Rauch und unangenehme Geruch fortbestehen sollten, so würde er einer von denjenigen sein, die den Stadtrath veranlassen würden hinzukommen, um Rauch und Geruch zu entfernen, wie es in Bow Common bereits geschehen sei. Er sei der Gesellschaft dankbar, dass sie die Frage angeregt habe.

Capitain Galton unterstützte den Antrag und bemerkte, es sei der

Wunsch des Comitee's, jedermann begreiflich zu machen, dass es sehr wohl möglich sei, die Rauchbelästigung abzuschaffen und dass es sogar von Vortheil sei, es zu thun. Dr. Siemens habe den Weg gezeigt, wie dies zu erreichen sei und auf welche Weise man durch Benützung von Gas einen guten Erfolg sichern könne; es existirten in Amerika Städte, welche Dampf sowohl für Heiz- als für Küchenzwecke verwendeten. Es würde Dampf von genügend hoher Spannung von einem centralen Kessel aus geliefert, sodass es möglich sei, in den damit geheizten Oefen Fleisch zu braten, heisses Wasser zu erzeugen und andere Erfordernisse zu beschaffen. Es seien noch weitere Mittel vorhanden, um Rauch zu verzehren; das Comitee habe sich für eine Ausstellung entschieden und habe ausserordentlich glücklichen Erfolg in Erlangung von Ausstellungsobjecten gehabt. Das Comitee beabsichtige aber nicht nur eine Ausstellung der verschiedenen rauchverzehrenden Apparate, sondern auch eine Reihe von gewissenhaft durchgeführten Versuchen, Auch die Vertheilung von Preisen an die erfolgreichsten Aussteller sei in Aussicht genommen. Natürlich erfordere dies bedeutende Geldmittel, und es sei zu hoffen, dass die Unterstützung des Publikums, das in Aussicht Genommene auch wirklich durchzuführen, nicht fehlen würde. Nur durch Vermehrung der Kenntniss des fraglichen Gegenstandes und durch Vorführung der Mittel, wie die rauchverzehrenden Apparate am Leichtesten jedem Haushalte angepasst werden können, dürfe man hoffen, die sehr unangenehme Rauchbelästigung los zu werden.

Lord Brabacon sagte er glaube, der eigentliche Zweck dieser Versammlung sei, zu versuchen, ob nicht irgend ein praktisches Resultat aus der Discussion erzielt werden könne; er glaube nichts sei besser geeignet zu diesem Zwecke zu führen, als das Anbieten von Preisen und Medaillen. Es gäbe eine Masse Erfindungskraft in diesem Lande, und wenn man nur denjenigen Personen, welche diese Erfindungskraft besitzen, seine Einfälle mittheilte, um deren Aufmerksamkeit auf diese sehr ernste Frage zu lenken, so sei er überzeugt, dass man bald zu definitiven Entschliessungen gelangen würde. Die Sache sei so eingehend erläutert worden, dass man über die Nothwendigkeit, die Belästigung los zu werden kein Wort mehr zu verlieren brauche. Er habe einige Erfahrung bezüglich der Belästigung gemacht, die Sir Antonio Brady angezogen hätte, der in einem Distrikte, in welchem die Fabrikanten ihren Rauch nicht gehörig aus dem Wege schaffen, wohne. Er halte es für eine bedenkliche Sache, das Unglück zu haben, in solcher Nachbarschaft wohnen zu müssen; er sei öfters in dieser Lage gewesen und habe gesehen, dass die schönsten Bäume vollkommen zu Grunde gerichtet worden seien. Er glaube, dass die Bäume in unseren Parkanlagen bald durch das gleiche Uebel leiden würden, wenn nicht in allernächster Zeit etwas in der Sache gethan werde. Lord Brabacon schloss, indem er den dritten Antrag stellte:

> Die Versammlung wolle die Bemühungen, die gegenwärtig gemacht werden, die Rauchbelästigung zu vermeiden, unterstützen, zur Bildung der für den Bau und die praktische Durchführung der verschiedenen vorzuführenden Apparate nöthigen Fonds beitragen und die Vertheilung passender Preise, Medaillen etc. in Aussicht nehmen.

M. Freeland M. P. unterstützte den Antrag und bemerkte, er sei besonders erfreut, eine so rege Theilnahme von Frauen zu sehen. Wenn sich Frauen mit der Durchführung einer Sache wirklich lebhaft beschäftigen, so halte er persönlich den Erfolg bereits halb gesichert. Unabhängig von allen anderen unangenehmen Wirkungen des Rauches, litten die Frauen unter einer solchen, welche sie besonders schädige; der Rauch lege sich auf ihre kostbaren Kleider und würde deren Schönheit dadurch ganz wesentlich angegriffen. Eine Menge Apparate seien vorhanden, durch welche man Rauch los werden könne und er habe deren im Betriebe gesehen. Ausserdem habe man verschiedene Gesetze geschaffen für die Verhinderung von Rauch. Wie komme es denn, dass unter diesen Umständen Rauch überhaupt noch vorhanden sei? In vielen Distrikten seien gerade die Behörden, welche das Gesetz zu verwalten oder dessen Ausführung zu überwachen haben, die Hauptübertreter desselben. Es fehle an äusserer, von dem Orte unabhängiger Gewalt, um eine Durchführung des Gesetzes ermöglicht zu sehen; er hoffe gewiss, dass die Anwesenden ihr Bestes thun würden, um den Erfolg der Ausstellung zu fördern und die nöthigen Mittel dazu aufzubringen und auch versuchen würden, die Regierung dazu zu bewegen eine Executiv-Gewalt zu schaffen, grösser als die bis jetzt existirende, um die an und für sich ausgezeichneten aber unbenutzten Gesetze wirklich durchgeführt zu sehen.

Ein Herr, der als Vertreter der Bäckerinteressen anwesend war, sagte, dass gerade die Bäcker gegenwärtig grosse Schwierigkeiten hätten, ihre Oefen rauchlos zu erhalten und sie öfters fänden, dass sie absolut nicht im Stande seien die Bildung ven Rauch zu vermeiden. Er versicherte die Bereitwilligkeit der Bäcker, Gas für ihren Betrieb einzuführen, wenn nur ein entsprechender Apparat erfunden und das Gas zu annehmbarem Preise geliefert würde; er hoffe, dass auch die Backofen-Frage in der Ausstellung Berücksichtigung finden werde.

Mr. Samuel Morley M. P. beantragte ein Dankesvotum für den Vorsitzenden. Er glaube, dass die Verhandlung für alle Gegenwärtigen von grossem Interesse gewesen sei. John Bull sei ein sehr praktischer Mensch und glaube einer Thatsache mehr, als einem Dutzend Theorien. Er halte es daher für ganz besonders zweckmässig, die vorgeschlagene Ausstellung zu arrangiren, denn wenn es dem Publikum bewiesen werden könnte, dass man ein Feuer anzustecken im Stande sei, ohne Staub und Rauch zu verursachen, würde dies zum Comfort jedes englischen Daheims beitragen. Er wünsche dem Comitee allen Erfolg; um diesen jedoch zu sichern, brauche man Mittel, das Unternehmen durchzuführen, und er hoffe, dass diese Unterstützung sich bald zeigen würde, er selbst sei sehr gern bereit zu dem Fond beizutragen.

Nachdem das Dankesvotum unterstützt worden war, erwiederte der Präsident, dass seitens des Comitee's, um die einmal in die Hand genommene, sehr mühevolle und wichtige Arbeit möglichst gewissenhaft auszuführen, beschlossen sei, dass nicht nur die Ausstellung eine vollständige werden solle, sondern dass auch die Versuche in ausgedehntem Massstabe und würdig des beabsichtigten Zweckes von zuverlässigen Fachleuten durchgeführt werden sollen.

Das Comitee hofft, dass die durch diese Ausstellung gebotene Gelegenheit, die Vorführung verschiedener verbesserter Apparate in Thätigkeit und rauchloser Brennmaterialien, sowie die fortgesetzten Versuche, die ausgedehnte Anwendung der nützlichsten und erfolgreichsten ausgestellten Verbesserungen durch Hausbesitzer und Fabrikanten zur Folge haben wird und dass die dadurch dem industriellen Schaffen und dem wissenschaftlichen Scharfsinne gegebene Anregung dazu beitragen wird, noch weitere Verbesserungen in der Heizmethode ohne unnöthige Rauchproduction hervorzubringen. Das Comitee hofft auch, dass die Ausstellung selbst Vortheil für die Aussteller bringen wird, denen viele Arbeit und Geldausgaben entstanden sind, um ihre Ausstellungsobjecte in der seitens des Comitee's vorgeschlagenen Weise vor die Oeffentlichkeit zu bringen.

Hervorzuheben ist zunächst, dass die englischen Verhältnisse ganz anderer Art sind, als die Unsrigen. Dort ist die Kaminfeuerung die Hauptsache des gewaltigen Rauches in den Städten und aus diesem Grunde wird auch gerade auf diese Feuerung das Hauptgewicht in der Ausstellung gelegt, wie aus der besonders grossen Anzahl der vorgeführten Kaminfeuerungen hervorgeht. Für unsere sächsischen Verhältnisse kommt bekanntlich die Kaminfeuerung weniger in Betracht: für den Fall aber, dass diese Zimmerheizungsart sich hier mehr einbürgern sollte, was in Anbetracht ihrer grossen Vorzüge rücksichtlich der Gesundheit und des häuslichen Comforts wohl möglich erscheint, will ich es doch nicht unterlassen, eine Beschreibung dieser Einrichtungen nebst den verschiedenartigen Verbesserungen derselben bezüglich der Rauchabstellung und Reinlichkeit wiederzugeben.

Die gewöhnlichen Einrichtungen einer englischen Kaminfeuerung sind von so primitiver Natur, wie nur irgend denkbar. Ein einfacher, horizontaler, eiserner Rost, auf den ab und zu je nach Laune oder momentanem Bedürfnisse Kohle aufgeschüttet wird. Die flüchtigen Bestandtheile derselben destilliren zuerst ab und entweichen unverbrannt, noch ehe die Kohle selbst mit den übrig gebliebenen Bestandtheilen von Brenngasen zur wirklichen Verbrennung übergeht. Es liegt auf der Hand, dass auf diese Weise die Heizkraft der Kohle nicht nur vergeudet werden, sondern eine mächtige Rauchentwickelung entstehen muss, welche gewöhnlich 5 bis 15 Minuten nach dem jedesmaligen Aufwerfen der Kohle entsprechend der Quantität anhält.

Diesen Uebelständen ist durch verschiedene, z. Th. sehr künstliche Einrichtungen, welche auf der Ausstellung in Betrieb befindlich in Augenschein genommen werden konnten, mehr oder weniger abgeholfen.

Die Apparate dieser Art sind so zahlreich vertreten, dass ich hier nur die mir am wichtigsten scheinenden anführen kann. Abgesehen von der combinirten Gas-Kohle-, resp. Coke-Kaminfeuerung meines Bruders C. W. Siemens, worauf ich später bei der speciellen Behandlung der Gasfeuerungen zurückkommen werde, erscheint mir „die Nachfüllung der Kohle von unten" als das vorzüglichste Arrangement für offene Kaminfeuerungen, sowohl in Bezug auf gleichmässiges Feuer und Kohlenersparniss, als auch auf Rauchverzehrung, wie ja überhaupt bei allen zweckmässig eingerichteten Feuerungsanlagen diese 3 Vortheile meist zusammen auftreten, weil einer aus dem anderen resultirt. Die Zuführung der frischen Kohle von unten geschieht, wie später beschrieben werden wird, auf sehr verschiedene Weise. In Folge der Zuführung von unten, kann die Kohle nur allmählich in Glut übergehen; ferner werden die entwickelten Kohlenwasserstoffgase etc. durch die oberen glühenden Kohlenschichten geführt und dadurch in leichtes Kohlenwasserstoffgas, Kohlenoxydgas und Wasserstoff zersetzt, sodass bei vermehrter Heizkraft sich kein schwarzer Rauch entwickeln kann. Diese beiden Umstände verursachen auch, dass wesentlich an Kohle gespart wird und die Heizkraft des Kaminfeuers ziemlich gleichmässig erhalten bleibt im Gegensatz zu der alten Art und Weise die Kohle von oben aufzugeben, was ein jedesmaliges Sinken der Heizkraft zur Folge hat.

Es sind noch einige andere Arrangements zu erwähnen, welche eine weniger verbesserte Feuerung darstellen, aber dasselbe erreichen wollen durch Einfüllung der Kohle von hinten oder auch durch allmähliches Nachfüllen derselben durch einen Schütttrichter. Diese letzteren Arrangements stellen zwar gewisse Verbesserungen dar, erreichen aber keineswegs die Vortheile, welche durch das Nachfüllen der Kohle von unten realisirt werden und zwar aus dem Grunde, weil die abdestillirten flüchtigen Gase nur zum Theil gezwungen sind, die glühende Kohlenschicht zu passiren und daher auch nicht in andere brennbare Gase, welche eine höhere Verbrennungstemperatur ergeben, aber weniger rauchbildend sind, zersetzt werden können.

Eine andere Form ist die Kaminfeuerung mit Drehrost

auf horizontaler Axe, welche entweder auf mechanischem Wege langsam gedreht oder mit der Hand in gewissen Intervallen um eine viertel oder eine halbe Umdrehung fortbewegt wird. Da der ganze innere Raum, welcher durch den mantelförmigen Rost gebildet wird, mit Kohlen gefüllt ist, so gelangen immer neue Partien des Rostes nach unten, wo der grösste Theil der Brennluft eintritt. Auf diese Weise wird also fast dasselbe erreicht, wie durch die Kohlenzuführung von unten, weil auch in diesem Falle die Brenngase sich langsam vorzugsweise in dem Drehpunkte, wo die Kohle eintritt, entwickeln und nach oben zu immer durch eine glühende Cokeschicht, welche sich ja auf dem ganzen Umfange des Rostes bilden muss, entweichen.

Eine solche Form der Feuerung ist allerdings für die allgemeine Anwendung in Folge der Nothwendigkeit einer mechanischen Bewegung nicht wohl geeignet, in ihrer Wirkung ist dieselbe aber vorzüglich, sodass es sich also wohl empfiehlt, diese Sache weiter zu verfolgen und zwar auch für andere Zwecke, als für Kaminfeuerungen.

Ich lasse zunächst einige Beschreibungen von aufgestellten Kaminfeuerungen verbesserter Art folgen:

The „Ulster" Smokeless Stove Grate. Musgrave & Co's. Patent, Belfast.

Dieser Apparat ist einem gewöhnlichen mit Schieber versehenen offenen Kamine (*Register Stove Grate*) im Aussehen sehr ähnlich. In der Rückwand ist eine Kammer, zur Aufnahme des frischen Brennmateriales bestimmt, angebracht. Dieselbe ist oben mit einer gutschliessenden Thüre versehen, durch welche die Kohlen eingefüllt werden. Der Boden des so gebildeten Brennstoffmagazins liegt in gleicher Höhe mit dem horizontalen Roste des Kamines. Die Anordnung des Apparates ist aus beistehender Skizze ersichtlich. Seine Wirkungsweise ist folgende. Nachdem die Kammer mit frischen Kohlen gefüllt und auch der Heerd damit derart belegt ist, dass die in Höhe des Horizontalrostes befindliche Oeffnung in der Rückwand vollkommen damit bedeckt wird, entzündet man das Feuer in gewöhnlicher Weise. Das in der Kammer befindliche frische Brennmaterial wird abdestilliren,

wenn das Feuer genügend heiss geworden ist, und es müssen
die sich entwickelnden Gase durch die untere Oeffnung entweichen, da ein anderer Ausweg nicht vorhanden ist. Vor dieser Oeffnung befinden sich aber nunmehr glühende Kohlenschichten, welche die Gase zu passiren gezwungen sind. Damit ist
deren vollkommene Verbrennung gesichert. Das Brennmaterial,
welches aus der Kammer auf den Heerd kommt, hat fast keine
rauchbildenden Bestandtheile mehr und brennt leicht an, da es vorgewärmt ist. Die Zuführung der Kohle aus der Kammer auf den
vorderen Rost, kann durch eine am Apparate selbst angebrachte,

Mussgrave & Co's Patent. Belfast.

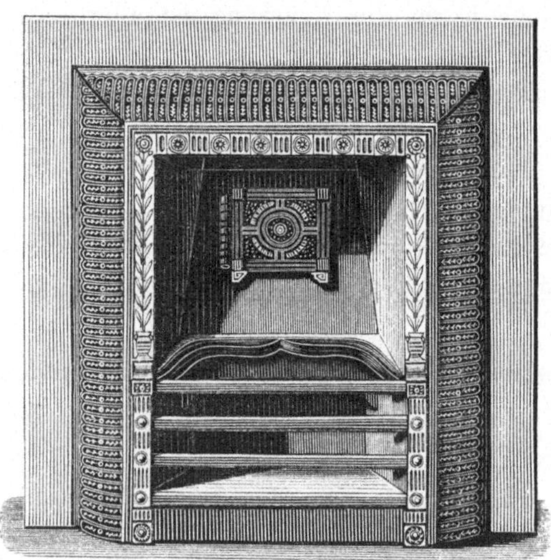

einfache, mechanische Hebelvorrichtung bewirkt werden; auch
kann vermittelst des Schüreisens (*poker*) oder einer Krücke (*rake*)
Brennmaterial von hinten nach vorn gezogen werden. An der Vorderseite des Feuers ist noch ein durchbrochener, auf und nieder
beweglicher Schieber angebracht, der eine Regulirung des Zuges
gestattet, ohne den Anblik des Feuers gänzlich zu entziehen.

Die Wirkung des Apparates bezüglich Rauchverbrennung,
wesentlich verminderter Russbildung und Kohlenersparniss ist
eine befriedigende. Das Feuer ist leicht regulirbar, da keine
kalte, sondern vorgewärmte Kohle auf den Rost kommt, und viel

brillanter im Aussehen als ein gewöhnliches Kohlenfeuer, dem die grosse, weissliche, durch die Verbrennung der entwickelten Kohlengase erzeugte Flamme, die sehr beweglich ist, natürlich fehlt. Da das Brennmaterialmagazin des Apparates für 24 Stunden Brennzeit ausreicht, so wird auch im Vergleich zu dem gebräuchlichen Kamine, an Bedienung erspart. Ich habe nur ein Bedenken gegen den „Ulster"-Kamin; ich glaube nämlich, dass die in die rückseitige Kammer eingebrachte frische Kohle, stark dazu neigen wird, zusammenzubacken und sich an den Wänden aufzuhängen; sie müsste in einem solchen Falle durch die geöffnete obere Füllthüre zusammengestossen werden, was ohne sehr bedeutende Rauchentwickelung nicht denkbar ist. Bei dem Oeffnen der Thüre entsteht sofort eine Zugumkehr der in der Kammer entwickelten Gase, die nicht mehr nach unten durch eigenen Druck durch das Feuer getrieben werden, sondern frei durch die Thüre abziehen können. Jedenfalls ist eine etwas magere Kohle zur Anwendung zu empfehlen, und besonders genügende Aufmerksamkeit auf das Abbrennen des Feuers, resp. rechtzeitiges Zuziehen von Material aus der Kammer zu verwenden, damit die untere Oeffnung derselben stets mit glühenden Kohlen bedeckt bleibt. Unter diesen Bedingungen giebt der Apparat befriedigende Resultate.

Ein zweiter, auch für andere Feuerungen, als offene Kamine anwendbarer Apparat, ist:

Engert's Patent Coking-Box. London E.

Im Principe ist er dem vorher beschriebenen Apparate gleich. Er hat ebenfalls ein in der Rückwand des Feuers liegendes Brennmaterialreservoir, resp. einen Entgasungskasten (*Coking Box*), in welchem die frische Kohle zum grössten Theile abdestillirt; die gebildeten Gase können nur durch das vor dem Kasten liegende glühende Brennmaterial entweichen und werden so rauchlos verbrannt. Die Vorwärtsbewegung des Brennmaterials erfolgt durch eine im Entgasungskasten verschiebbare Wand *W*, die vermittelst einer Schraube ihre Bewegung erhält. Die Leistungen dieses Apparates sind dem des „Ulster" ähnlich. Nur muss man hier, wenn der Kasten leer ist, das auf dem Roste befindliche Feuer nach dem vorderen Theile bringen, um frisches Brennmaterial einfüllen zu können. Während bei dem „Ulster“ die Kohle nur durch eigene Schwere nachrutscht und so dem Aufhängen einen nur sehr geringen Widerstand entgegen-

Engert's Patent. London.

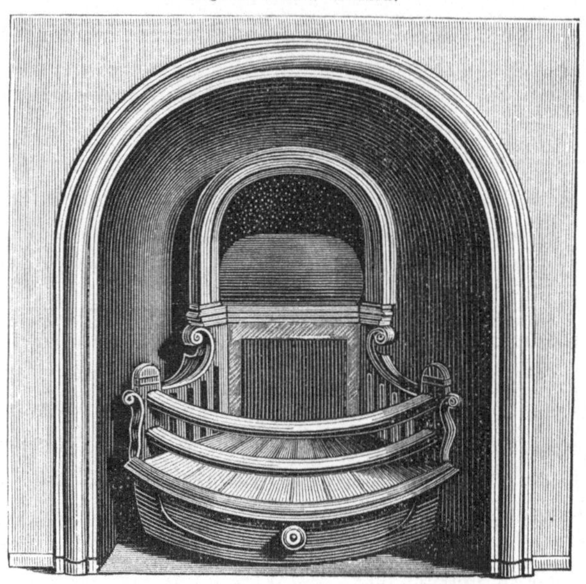

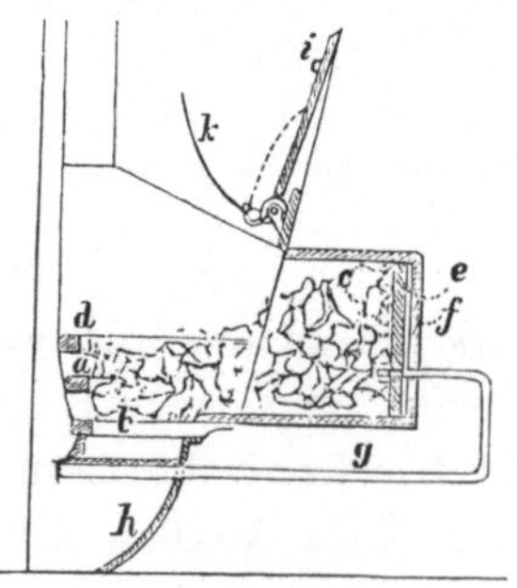

Querschnitt.

setzt, geschieht das Nachschieben der Kohle in diesem Falle durch Anwendung mechanischer Mittel, die es viel unwahrscheinlicher machen, dass ein Festsetzen der Kohle vorkommen kann.

Der Engert-Kamin erlaubt daher auch die Verwendung von backender Kohle.

Dem offenen Kaminfeuer von Martin & Co., London, wird das frische Brennmaterial von der Seite zugeführt. Für diesen Zweck sind die Seitenwände des Kaminheerdes beweglich angeordnet. Dadurch kann man dem Feuer jede gewünschte Breite geben. Soll frische Kohle aufgelegt werden, so schiebt man vermittelst der beweglichen Kaminseite die glühenden Kohlen auf dem Heerde zusammen und zieht erstere wieder zurück. Dadurch bildet sich ein freier Raum zwischen dem Feuer und der heissen Kaminwand, in welchen man die frische Kohle einlegt.

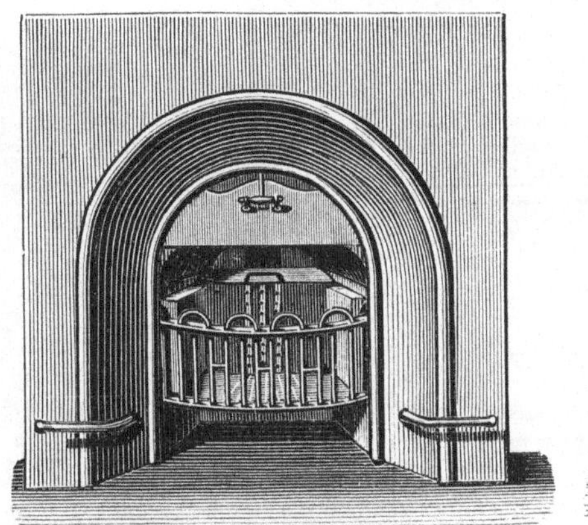
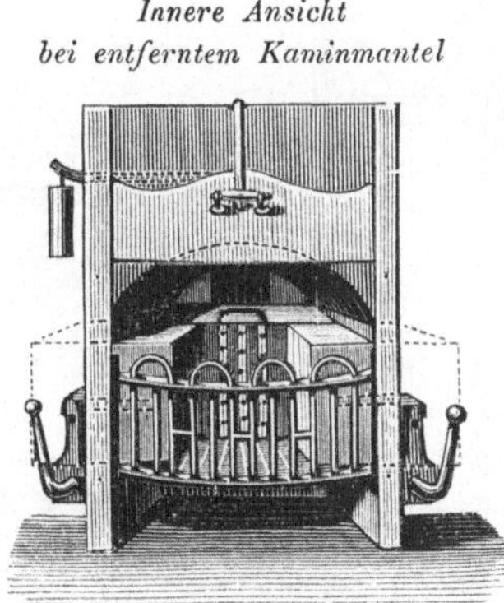

Hier soll das neue Brennmaterial sofort ins Glühen kommen und rauchlos verbrennen. Es sollen die beiden Feuerseiten nacheinander, nicht gleichzeitig, beschickt werden. Der Apparat lässt jedenfalls an Einfachheit nichts zu wünschen übrig, ist aber bei weitem weniger wirksam, als die vorher beschriebenen Apparate. Das frische Brennmaterial destillirt zwischen den bereits glühenden Kohlen und der heissen Kaminseite ab und entzünden sich die so gebildeten Gase an den schon im Glühen befindlichen Kohlen, resp. an vorhandenen Flammen. Jedenfalls ist hier darauf zu achten, dass nicht zu viel frische Kohle auf einmal aufgegeben wird; es würde leicht die kühlende Wirkung derselben, wenigstens auf die bewegliche Kaminseite, eine derartige sein, dass die entweichenden Gase dort nicht auf ihre Entzündungstemperatur kommen, wie dies an der anderen, also der „Feuerseite" gesichert erscheint.

Der Kamin von Steel & Garland, Sheffield, der *„Kensington"* *Patent Smoke Consuming-Grate*, lässt die Verbrennungsproducte vermittelst des Schornsteines durch das glühende Brennmaterial abziehen. Das Arrangement ist durch nachstehende

Steel & Garland's Patent. Sheffield.

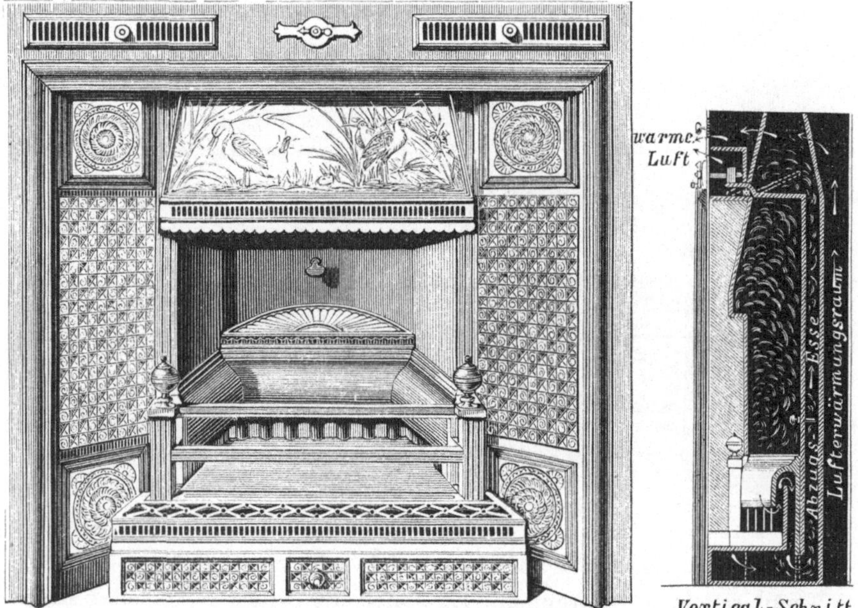

Der „Kensington"-Kamin.

Skizze ohne Weiteres klar. Die von den Kohlen entweichenden Gase werden durch an den Seiten und an der Rückwand angebrachte Roste in eine unter dem Heerde liegende Sammelkammer geführt, und in derselben mit atmosphärischer Luft gemischt, resp. verbrannt. Diese Luft tritt an der Vorderseite des Kamins ein und erhitzt sich an dem heissen Boden des Heerdes. Die gute Wirkung des Apparates hängt sehr wesentlich vom Schornsteinzuge und der Temperatur der in die Sammelkammer ein-

tretenden Luft ab. Wenn ersterer nicht entsprechend energisch,
letztere nicht sehr gut vorgewärmt ist, wirkt der Apparat überhaupt nicht. Jedenfalls gehört Erfahrung in der Behandlung dazu, um seine rauchverzehrende Wirkung zu sichern.

Von Apparaten mit Drehrost erwähne ich noch speciell den
„Leopold" Reversible Grate. Das Brennmaterial ist in einem
mit 2 parallelen Rosten versehenen Korbe von passender Form
enthalten, welcher derart an der Rückseite des Kamins auf einer
Mittelaxe befestigt ist, dass man ihn um 180 Grad drehen kann.

Der „Leopold"- Kamin mit Drehrost.

Soll das Feuer angesteckt werden, so öffnet man den oberen
Rost und entzündet in gewöhnlicher Weise das auf dem unteren
Roste befindliche Brennmaterial. Ist dies gut durchgebrannt,
so giebt man frische Kohle auf, schliesst dann den oberen Rost
und dreht mittelst des Pokers den ganzen Apparat um eine halbe
Umdrehung. Dadurch kommt die frische Kohle nach unten, die
bereits glühende nach oben. Die vom frischen Brennmateriale
abdestillirenden Gase müssen also die oberen glühenden Schichten
passiren, wodurch ihre vollständige Verbrennung gesichert ist.
Die Wirkung des Apparates wurde besonders dadurch anschaulich

gemacht, dass man nachdem frische Kohle aufgegeben war, dieselbe durch Drehung des Apparates abwechselnd nach unten und nach oben brachte. In lezterem Falle entwickelt sich sofort eine dicke, schwarze Rauchmasse.

Messrs. Edwards & Son, London, W. hatten einen Kamin ausgestellt, bei welchem sich die Verbrennung der Kohle von oben nach unten vollzieht. Man legt um dies zu erreichen den ganzen Heerd voll Kohlen und entzündet dieselben auf der oberen Fläche. Zur Regulirung des Luftzutrittes dient ein ausbalancirter

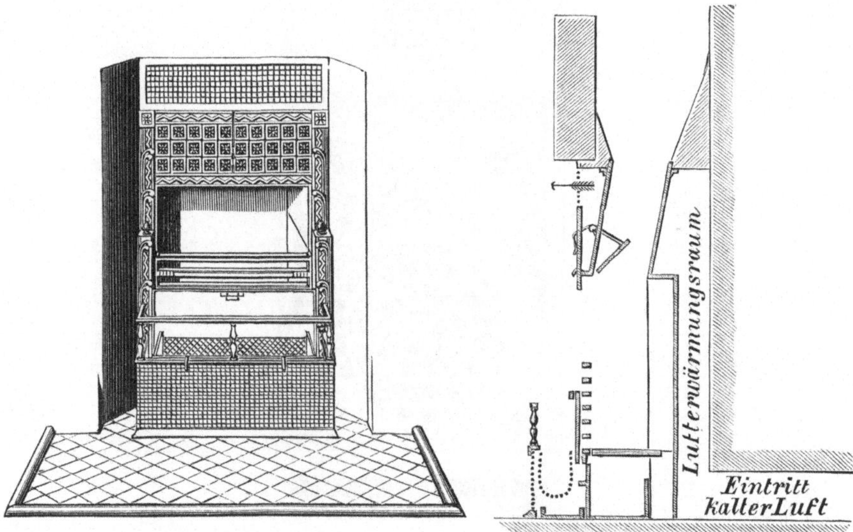

Ansicht mit geöffnetem oberen Schieber für den Eintritt frischer erwärmter Luft.

Querschnitt mit Darstellung des Lufterhitzungsraumes, oberem Luftschieber, Kettenschieber, ausbalancirtem Schieber vor dem Roste, Vorsetzer, Schlackenkorb und Staubfang.

vor den vorderen Roststäben des Feuers beweglicher Schieber, den man entsprechend der nach unten fortschreitenden Verbrennung niedriger stellt. Es ist dies ein Ersatz für die früher in Gebrauch befindlichen Kaminfeuerungen mit mechanisch beweglichem Feuerkorbe, welch letzterer mit der nach unten fortschreitenden Verbrennung gehoben wurde. (Dr. Arnott 1865.)

Hannay's Patent Reflecting Grate soll vermittelst einer über

dem Feuer liegenden schrägen Platte A (Reflector) aus feuerfestem Materiale, so viel Hitze reflectiren, dass die Bildung von
Rauch vermindert und der an diesem Reflector etwa noch nach
dem Schornsteine vorbeiziehende Rauch verbrannt wird. Die
Platte soll ferner dem Zimmer Wärme durch Reflexion mit-

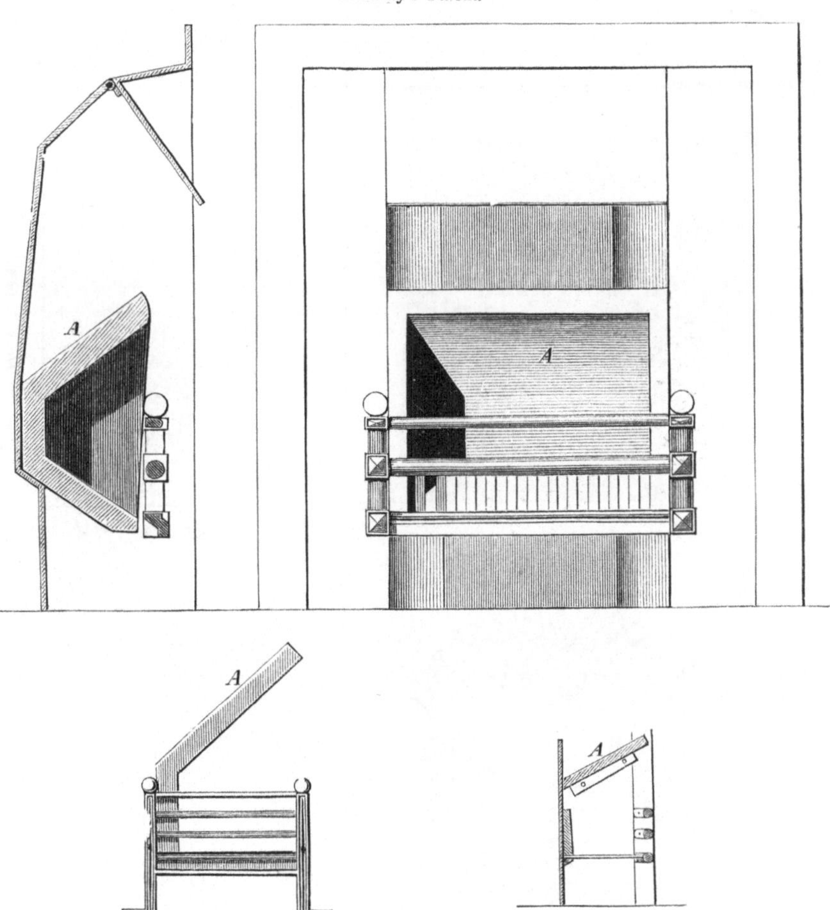

theilen und bewirken, dass die von offenen Kohlenfeuern anderer Construction direct in den Schornstein aufwärts entweichende
Hitze zurückgehalten und nutzbar gemacht wird. Hinsichtlich
der besseren Verbrennung durch Steigerung der Temperatur des

Feuers und einer besseren Ausnutzung der Wärme für die Zimmerbeheizung, ist der Apparat unzweifelhaft von gewissem Werthe
und übertrifft an sparsamem Kohlenverbrauche entschieden die
Leistung des gewöhnlichen offenen Kamins bei weitem. In Beziehung auf Rauchverminderung aber ist dem Arrangement eines
derartigen Reflectors ein besonderer Werth wohl kaum beizu-
messen.

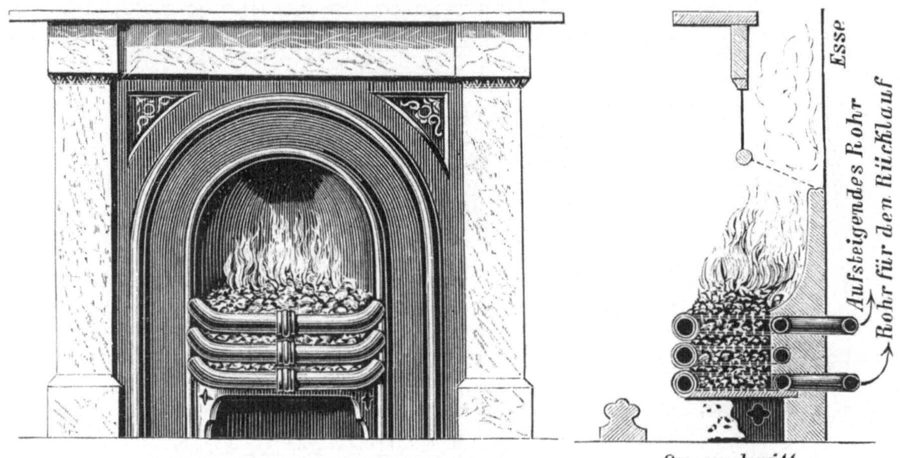

S. Deard's Kamin combinirt mit Warmwasserheizung.

Eine grosse Anzahl Kamine haben auf eigentliche Rauchverminderung bezügliche specielle Constructionen gar nicht und

sind nur ausgestellt wegen ihrer angeblich besonders sparsamen
Ausnutzung der Wärme. Dahin gehören z. B. die Combinationen
der offenen Kaminfeuer mit einer in der verschiedensten Weise
angeordneten Warmwasserheizung, die ziemlich zahlreich vertreten sind. Man benutzt hierbei häufig die vorderen Roststäbe
des Kamins als Heizrohre, wie dies z. B. in *S. Deard's Open
Grate Coil* geschieht. Eine andere Gruppe von Apparaten sucht
durch Vergrösserung der mit dem Feuer in Berührung kommenden
Fläche eine bessere Ausnutzung der Kohle zu erzielen. Mit Einrichtungen dieser Art findet sich häufig eine Luftheizung resp.
Ventilation verbunden.

Abbotsford Grate.

   Zum Schluss erwähne ich noch einen vielfach angewendeten
Kamin, den „*Abbotsford Grate.*“ Derselbe hat keinen Horizon-
talrost, sondern es liegt das Brennmaterial auf einem soliden
Boden aus feuerfestem Materiale. Die Seiten sowohl als die
Rückwand des Kamins sind aus gleichem Stoffe hergestellt. Das
Feuer giebt einen grossen Theil seiner Wärme an die feuerfesten
Wände ab und es kommt dadurch der Apparat fast in den Zu-
stand eines Gaserzeugers. Ohne Zweifel wird von den heissen
Flächen Wärme ausgestrahlt, dieselben verursachen aber auch
eine schnelle Zerlegung der Kohle und erzeugen eine grosse
Menge brennbarer Gase, die wenigstens an der Rückwand des
Kamins, wo der Luftzutritt ein verhältnissmässig beschränkter

ist, unverbrannt in den Schornstein entweichen. Es wird dadurch die Magazinirung der Wärme in den Seiten und der Rückwand des Apparates zum Zwecke der Ausstrahlung ein sehr theuer erkaufter Effect.

Im Anschluss an die offenen Kaminfeuer stehen die geschlossenen Oefen, die in allen möglichen Formen in Metall, feuerfestem Materiale oder theilweis dem einen, theilweis dem andern Stoffe ausgeführt sind. Ihr Anwendungskreis ist aber gegenüber den offenen Kaminen ein verhältnissmässig beschränkter. Wie bei uns, so ist auch dort die Construction der Oefen eine sehr verschiedene bezüglich der Wärmeausnutzung. Was „Rauchverminderung" anlangt, so wiederholen sich bei den geschlossenen Oefen die darauf gerichteten Constructionen, die bereits bei offenen Kaminfeuern beschrieben wurden. Allgemein ist zu bemerken, dass die Construction aus Eisen gegenüber der aus feuerfestem Materiale entschieden überwiegt, und die Oefen in den meisten Fällen derart ausgeführt sind, dass sie nicht nur durch Strahlung erwärmend wirken, sondern einen Strom von aussen eintretender, im Ofen erwärmter, frischer Luft in das Zimmer schicken. Die Oefen sind im Vergleich zu den unsrigen klein zu nennen; es existiren keine so grossen Kachelöfen, wie wir sie in unserem Klima bedürfen. Besonders häufig finden die verschiedenen, bei uns seit langer Zeit schon entwickelten Schüttöfen-Constructionen Anwendung. Beifolgende Skizze giebt davon ein Beispiel.

Nächst den Kaminfeuerungen und Zimmeröfen sind es die Kochöfen, Küchenfeuerungen und Kochheerde (*Kitchen ranges*), welche in der Ausstellung am stärksten vertreten sind und auf welche vorzugsweise Gewicht gelegt wird.

Obgleich sich diese Einrichtungen hiesigen Verhältnissen schon weit besser anpassen lassen, wie die Kaminfeuerungen, so sind dennoch die englischen Küchenverhältnisse so grundverschieden von den unsrigen, dass nur ein geringer Theil der ausgestellten Küchenapparate bei uns directe Verwendung finden könnte.

Die vorzüglichsten der zahlreich ausgestellten Einrichtungen sind wiederum solche, welche mit Gasfeuerung betrieben werden, und die zum Theil später mit den übrigen Gasfeuerungen be-

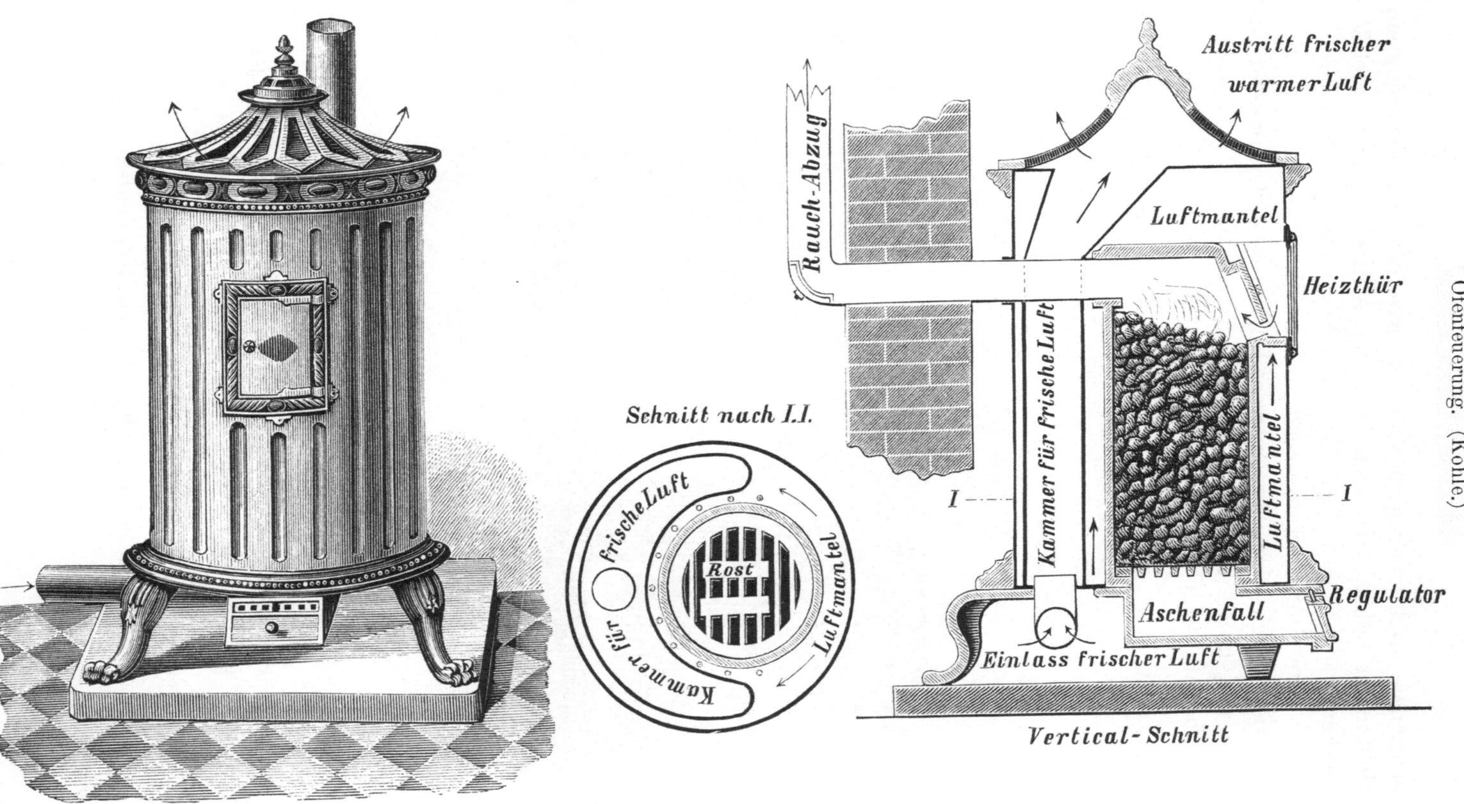

Ofenfeuerung. (Kohle.)
Austritt frischer warmer Luft
Rauch-Abzug
Luftmantel
Heizthür
Kammer für Frische Luft
Luftmantel
I
I
Aschenfall
Regulator
Einlass frischer Luft
Vertical-Schnitt
Schnitt nach I.I.
Frische Luft
Rost
Luftmantel
Kammer für

schrieben sind. Bezüglich der wenigen directen Feuerungsein-
richtungen selbst, lässt sich in dieser Abtheilung nicht viel Bemerkenswerthes bezüglich der Rauchverzehrung mittheilen, es
wären denn einige Arrangements, welche gestatten, das Feuerungsmaterial durch einen besonderen Fülltrichter gleichmässig und
zwar von unten oder von den Seiten nachzufüllen. Einige der
Kochheerde, welche meistens ganz aus Eisen bestehen, sind auf

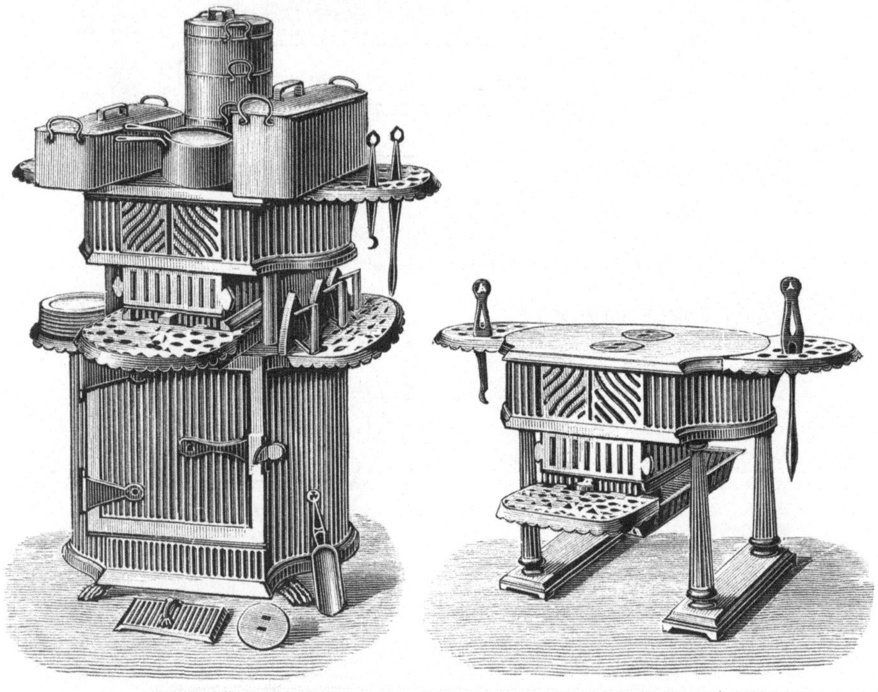

Koch-Ofen.   Wärm-Ofen.

Der „Sunlight“ Ofen.

höchst sinnreiche Weise zerlegbar und derart durch Einlagen zu
verändern, dass Kochkessel, Pfannen und Röstapparate der verschiedensten Formen direct einsetzbar sind. Es erscheint jedoch
fraglich, ob derartige wandelbare Zusammensetzungen wirklich
praktisch brauchbar sind. Eigentlich Neues oder Bemerkenswerthes für hiesige Zwecke in dieser Gruppe ist nicht vorhanden.

Es wiederholen sich auch bei den Küchenfeuerungen dieselben Constructionen zur Rauchverminderung, wie sie bei den offenen Kaminen, resp. geschlossenen Oefen Verwendung finden. Sie sind hier insofern von Wichtigkeit, als man es meist mit grösseren Massen Brennmaterial zu thun hat. Die geschlossenen Feuerungen sind für Küchenzwecke häufiger in Anwendung als offene, sichtbare Feuer, die man aber trotz ihres sehr geringen Heizeffectes doch noch viel anwendet, um den Anblick der Flammen auch in der Küche zu geniessen. Die neueren Apparate für Küchengebrauch haben fast alle geschlossene Feuerungen. Ein Theil derselben sind Universalapparate, d. h. enthalten alle nöthigen Vorkehrungen, um an demselben Feuer braten, rösten, backen, Wasser und Speisen etc. wärmen zu können (auf der sogenannten *Hot-plate*), während andere eine separate Feuerung für Wassererwärmung und die Hot-plate haben. Letztere Einrichtung wurde in der Absicht geschaffen, fortwährend warmes Wasser, sowie eine immer bereite Wärmplatte zu haben, und den Theil des Küchenheerdes, der zum Braten, Rösten, Backen u. s. w. dient, nur dann zu heizen, wenn es wirklich nöthig wird; dies ist nur wenige Stunden der Fall, während warmes Wasser stets gebraucht wird. Die Feuerung dafür wird während des ganzen Tages, resp. 18 von 24 Stunden unterhalten und ist so eingerichtet, dass sie nur ein oder zwei Mal des Tages nachgefüllt zu werden braucht. Als Beispiel verweise ich auf nebenstehende Skizze.

Die Dampfkesselfeuerungen bilden nach den Kaminfeuerungen, Oefen und Küchenapparaten das Hauptcontingent der in der Ausstelluug vorhandenen Feuerungsanlagen und sind jedenfalls bezüglich der Rauchverzehrungsfrage für unsere Bedürfnisse die wichtigste Categorie aller ausgestellten Apparate.

So sinnreich construirt die betreffenden Einrichtungen z. Th. sind, und so vortheilhaft einzelne Apparate, sowohl bezüglich der Kohlenersparniss, wie auch der Rauchverzehrung sein mögen, so fand ich auch in dieser Abtheilung unter den directen Feuerungsanlagen keine, welche ich für unsere Anwendung als vollkommen geeignet oder als besser wie bereits hier vorhandene empfehlen könnte; denn es werden ebenso zweckmässige und dabei weniger complicirte Einrichtungen bei uns bereits angefertigt und sind sogar vielfach in Verwendung. Ich erinnere nur an die Dampf-

Dampfkesselfeuerung. (Kohle.)

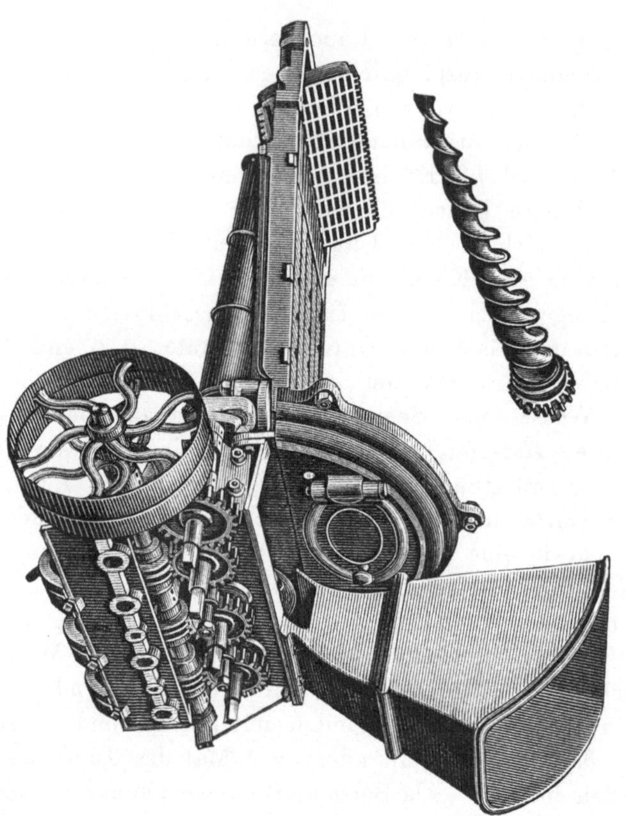

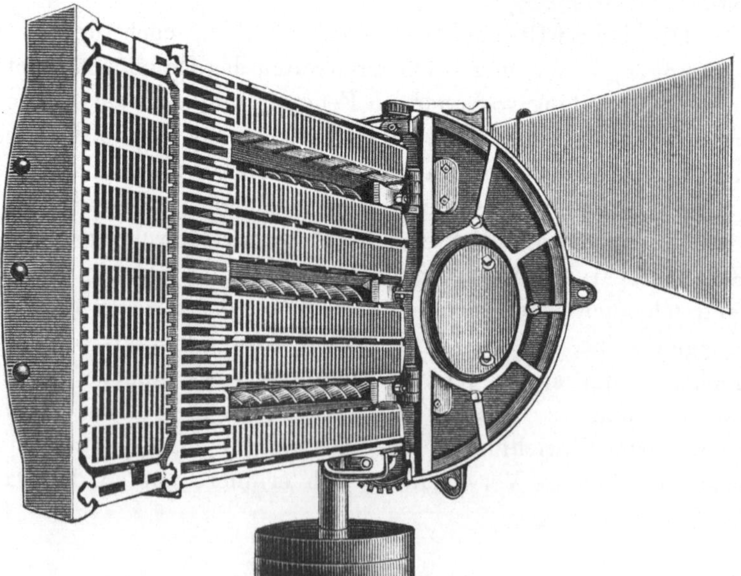

kesselfeuerung von Herrn L. Schulz in Meissen D.R.P. Nr. 408, vermittelst welcher Einrichtung die frische Kohle successive mit Hülfe eines endlosen Schraubenganges in den unteren Theil des Feuerungsraumes geschraubt wird. Besseres können die vorzüglichsten der ausgestellten Einrichtungen, deren Beschreibung ich später folgen lasse, auch nicht leisten.

Das allgemeine Streben der erfolgreichen Constructionen geht dahin:

1. Die Kohle gleichmässig nachzufüllen.
2. Dieselbe möglichst permanent in Bewegung zu erhalten.
3. Die flüchtigen Brenngase durch glühende Kohlenschichten streichend abführen zu lassen.

Vorausgesetzt wird hierbei natürlich, dass für eine zweckentsprechende Zuführung der nöthigen Brennluft in geeigneter Weise gesorgt ist.

Diese Zielpunkte bilden zusammen das Ideal einer möglichst rationell angelegten directen Feuerung und lassen sich in folgenden einfachen Grundsatz zusammenfassen:

„Einführung der Kohle in der Weise, dass die flüchtigen Brenngase sich möglichst gleichmässig entwickeln und noch vor ihrer eigentlichen Verbrennung den glühenden Theil des Feuerungsmaterials durchstreichen, bei zweckentsprechender Zuführung der nöthigen Brennluft.“

Ich muss constatiren, dass damit auch eine möglichst öconomische, dabei rauchlose und intensive Verbrennung vollkommen erreicht wäre, nur erscheint es schwierig, obigen theoretisch richtigen Satz auch praktisch durchzuführen. Es fragt sich also auf welche einfachste mechanische oder andere Weise dieses Ziel am besten zu erreichen ist. Dabei weichen die besseren Einrichtungen in ihren Mitteln allerdings wesentlich von einander ab.

Eine der vorzüglichsten der auf der Ausstellung befindlichen Kesselfeuerungen dieser Art scheint mir die von Knowles & Halstead, Manningham-Bradford ausgestellte

The Helix Furnace Feeder (Smith, Halifax, Patent)

zu sein. Sie bringt die Kohle wirklich von unten in das Feuer und zwar vermittelst mechanisch drehbarer konischer Schrauben. Dieselben bewegen sich in unter dem Roste liegenden ebenfalls konischen Zuführungsrohren und es wird durch Drehung der Schrauben das Brennmaterial, das sich in den Rohren befindet, gleichzeitig vorwärts und aufwärts bewegt. An mehreren Stellen des Rostes sind Stäbe weggelassen und dadurch Längsschlitze gebildet, unter denen die Kohlenzuführungsrohre und Schrauben liegen, durch welche das Brennmaterial auf den Rost gebracht wird. Die weiten Enden der Rohre münden in einem gemeinschaftlichen quer vor dem Roste liegenden Kohlentrog. Der Antrieb der bohrerähnlichen Transportschrauben ist durch Schnecke und Schneckenrad bewirkt. Die zwischen den Zuführungsrohren befindlichen Roststäbe erhalten ausserdem eine hin- und hergehende Bewegung; auf diese Weise kommt das Brennmaterial auf einen am Ende der Feuerung gelegenen Nebenrost. Dieser ist zum Zwecke der Schlackenentfernung resp. Reinigung, zum Aufklappen eingerichtet.

Der Apparat ist in seiner Wirkung bezüglich Rauchverminderung gut, hat aber den Nachtheil, dass seine beweglichen Theile der Hitze stark ausgesetzt sind, was leicht zu Störungen führen kann.

Mac Millan's Patent Fuel-Feeding Apparatus for Furnaces of Public Works.

Der Apparat besteht aus einem unter dem eigentlichen Roste angebrachten Füllkasten für das frische Brennmaterial, der mit einem beweglichen Boden versehen ist, um dasselbe, wenn dieser gehoben wird, nach oben bringen zu können. Der Kasten läuft auf Schienen oder dreht sich in Zapfen, und kann von Hand oder von einer Transmission aus bewegt werden. Hinter dem das Brennmaterial enthaltenden Kasten läuft in entsprechender Entfernung eine Platte, welche das Brennmaterial unterstützt, wenn ersterer zum Zwecke des Füllens unter dem Roste vorgezogen worden ist. Der bewegliche Boden des Kohlenkastens wird vermittelst eines Hebels von Hand oder mechanisch gehoben, und drückt das schon grösstentheils abdestillirte Brennmaterial durch im Roste vorgesehene Schlitze unter die oben brennende Schicht, sodass die vom frischen Brennmaterial erzeugten Gase die glühenden Schichten passiren müssen, und also, entsprechend vorhandene Luftmenge vorausgesetzt, rauchlos verbrennen können. Abgesehen von der Schwierigkeit der mechanischen Bewegung bei dem Heben einer cokenden Kohlenmasse, die mit Zunahme der Rostfläche sehr bedeutend wächst, gestattet bei diesem Ap-

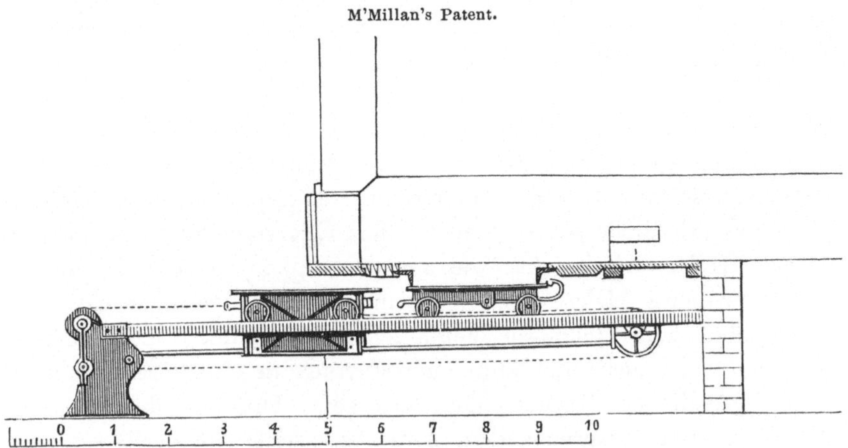

Apparat zur mechanischen Beschickung von Rostfeuerungen.

parate auch die Luftzuführung, wenigstens wenn ausschliesslich vor dem Roste angeordnet, eine entsprechende Mischung der entstehenden Gase mit Luft, wenigstens bei langem Roste, nur sehr schwer.

Knap's Patent Mechanical Stoker.

Der Antrieb des ganzen Apparates geht von einer vor dem Kessel im Fussboden befindlichen Welle aus, die direct durch eine kleine Dampfmaschine oder auch von der Transmission aus bewegt werden kann. Die Skizze zeigt einen Knap'schen Selbstschürer an einem Kessel mit 2 inneren Flammenröhren. Für jedes dieser Flammenrohre hat der zugehörige Apparat getrennten Antrieb, sodass jeder einzelne nach Belieben ausgerückt werden kann. Dieser Selbstschürer besteht aus einem oberen Füllkasten mit Regulirungsschieber; ersterer wird mit Brennmaterial gefüllt, welches auf die unter dem Fülltrichter befindliche langsam rotirende Walze fällt, die gleichzeitig Speise- und Zerkleinerungswalze ist; die Menge des Materiales wird durch Stellung des Schiebers regulirt. Von der Walze kommt das Brennmaterial auf eine geneigte Fläche, auf welcher es hinabgleitet und so vor einen langsam hin- und hergehenden *pusher* fällt, der es auf ein aus zwei ineinandergehängten Theilen bestehendes Gussstück befördert. Dies Gussstück ist an seinem vorderen Ende mit einem stellbaren Schieber versehen, der den Luftzutritt regulirt. Der Rost besteht aus Stäben von denen abwechselnd einer fest, der andere beweglich ist. Die beweglichen Roststäbe hängen mit ihren vorderen Köpfen an einem Querstabe dessen Enden in passenden Oeffnungen des Unterstützungsrahmens für den Apparat gelagert sind.

Ausserhalb desselben sind an dem Querstabe verticale gusseiserne Hebel angebracht, wie aus der Skizze ersichtlich, einer an jeder Seite. Diese schwingen um einen in geringer Entfernung über dem Querstabe befindlichen Stützpunkt. Das obere Hebelende ist geschlitzt und umfasst einen in einem Schneckenrade befindlichen Kurbelzapfen, das seine Drehung durch eine Schnecke mit entsprechendem Antriebe erhält; im vorliegenden Falle durch ein Kettenrad. Der oben erwähnte Kolben, welcher die Kohle, nachdem sie die Speisewalze passirt hat, nach dem Roste zu fortstösst, erhält seinen Antrieb von einem zwischenliegenden Punkte der schwingenden, verticalen Hebel aus. Wenn sich also das Schraubenrad dreht, so kommen die verticalen Hebel in Schwingung und theilen diese Bewegung dem „*pusher*" und den beweglichen Roststäben mit. Auf diese Weise entsteht für den „*pusher*" sowohl, als für die Roststäbe eine hin- und hergehende Bewegung im entgegengesetzten Sinne, sodass dadurch das Brennmaterial nach der Feuerbrücke zu transportirt wird. Der hintere Theil des hohlen Gusskörpers, über welchen das Brennmaterial rutscht, ist an den vorderen angehangen, um so der geringen auf und niedergehenden Bewegung der geneigten Roststäbe bei ihrem Hin- und Rückgange folgen zu können und doch dicht an den Rost anzuschliessen. Die mit diesem Apparate erzielten Resultate sind befriedigend in Bezug auf die Verdampfungsfähigkeit

Knap's Patent.

Fig.1.

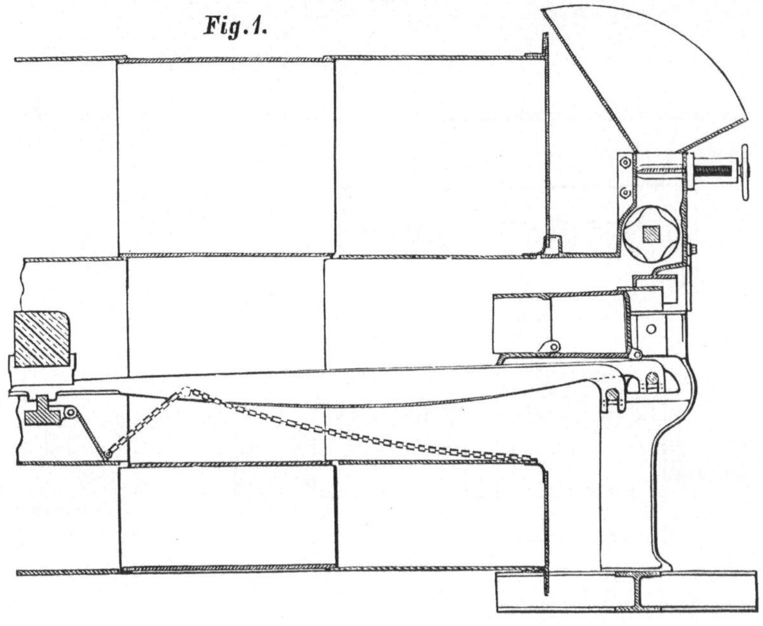

Fig.2.

Fig.3.

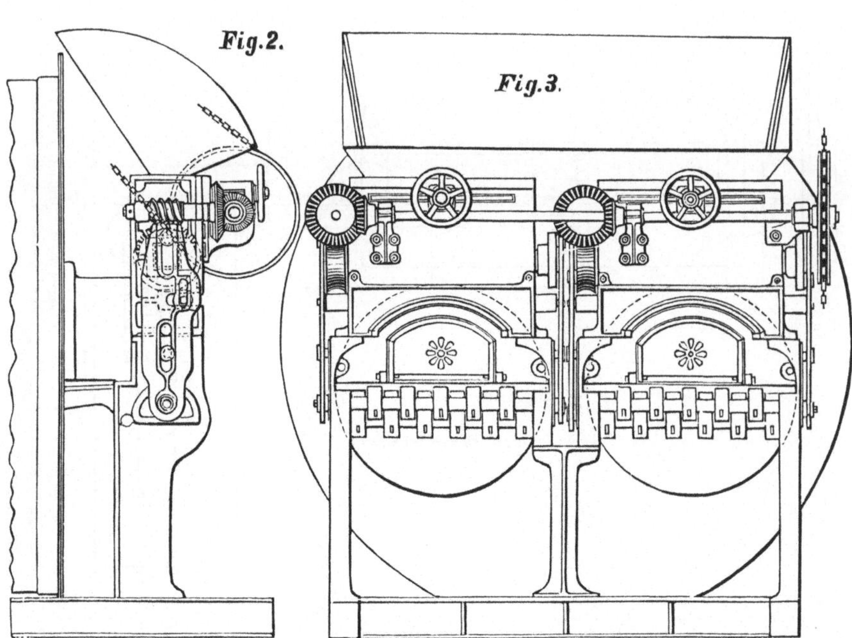

*Mechanische Feuerung für einen Dampfkessel mit 2 inneren Flammröhren.
Fig. 1. 2. 3. Antrieb von einer Transmission aus.*

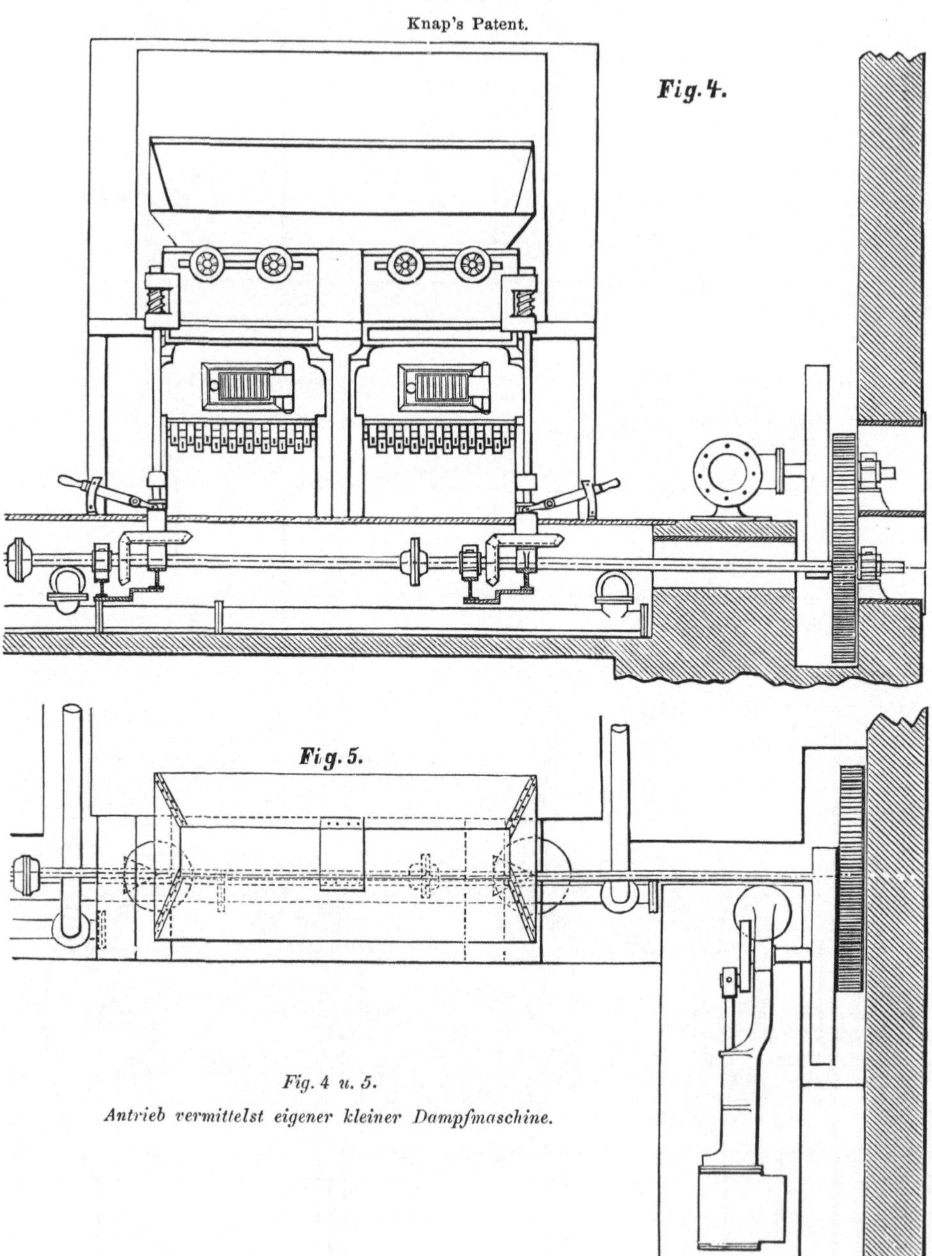

Fig. 4 u. 5.

Antrieb vermittelst eigener kleiner Dampfmaschine.

gegenüber Handfeuerung. Der Apparat soll 8,5 Pfund Wasser verdampfen mit 1 Pfund Kohle, während unter übrigens gleichen Umständen mit Handfeuerung nur 7,1 Pfund Wasser per 1 Pfund Kohle verdampft werden konnten. Bezüglich Rauchverminderung halte ich ihn aber nicht so wirksam, wie den zuerst genannten Helix-Apparat, da die Zuführung der frischen Kohle nicht von unten erfolgt.

T. & T. Vicar's Patent Improved Selfstoking Smokeless Furnaces.

(Skizze umstehend.)

Der Trichter A wird mit Brennmaterial gefüllt, das von dort durch die Kolben B auf die Roststäbe C gebracht wird, wo es abdestillirt, also verkokt. Durch die Bewegung der Stäbe C gelangt es auf die Rostplatte D, wo es von den als Kolben wirkenden Roststabköpfen entsprechend zerkleinert und weiter in den Feuercanal E vorgeschoben wird, wo sich die vollständige Verbrennung vollzieht und von wo leicht Schlacken, Asche etc. entfernt werden können. Die Wirkung des Apparates bezüglich Rauchverminderung ist wenigstens gegenüber Handfeuerung eine befriedigende.

Mac Dougall's Patent Mechanical Stoker.

Die Skizze pag. 49 zeigt den Apparat in einem für einen Kessel mit innerer Feuerung passenden Arrangement. Die Roststäbe werden vermittelst einer mit Excentern besetzten Welle E, aus Bessemer-Stahl hergestellt, bewegt; die Excenter haben 3 verschiedene Centren und sind diese abwechselnd angeordnet, sodass jeder Roststab seinen eigenen Antrieb-Excenter hat. Das an der Feuerbrücke liegende Ende der Roststäbe ist abgeschrägt und ruht auf einer ebenso abgeschrägten Platte d, der eigentlichen Feuerbrücke D. Wenn nun die Welle E sich dreht, und so der Roststab am vorderen Ende gehoben wird, muss er gleichzeitig die schiefe Ebene bei d hinaufgleiten, hebt sich also. Während dies geschieht, senken sich die nebenliegenden Roststäbe, da sie nach vorn gezogen werden. Das Brennmaterial

T. & T. Vicars. Patent.

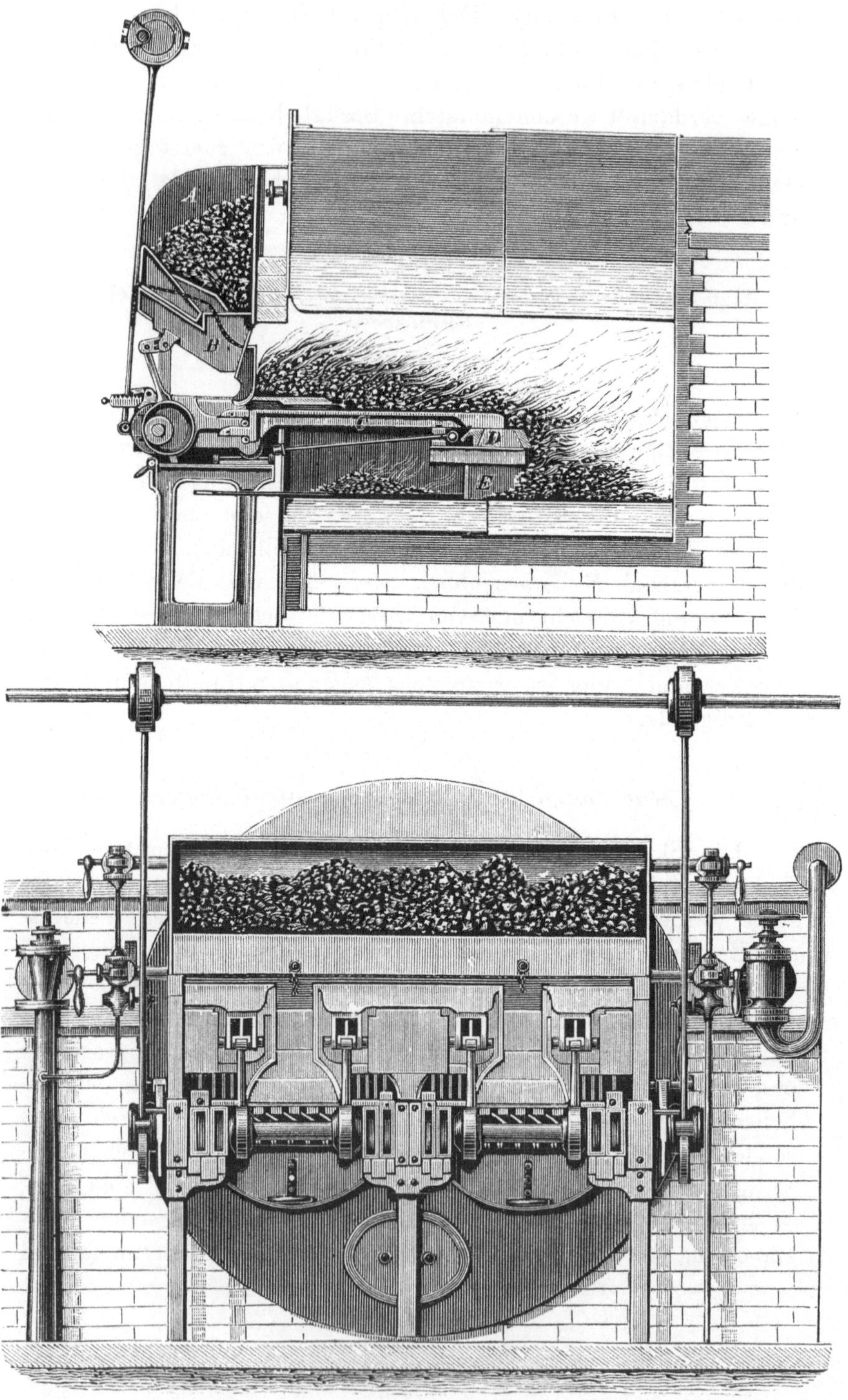

Rauchlose mechanische Feuerung, angewandt für einen Kessel mit 2 inneren Flammenröhren.

wird auf diese Weise nach der Feuerbrücke zu bewegt und verbrennt proportional der Umdrehungsgeschwindigkeit von E: somit

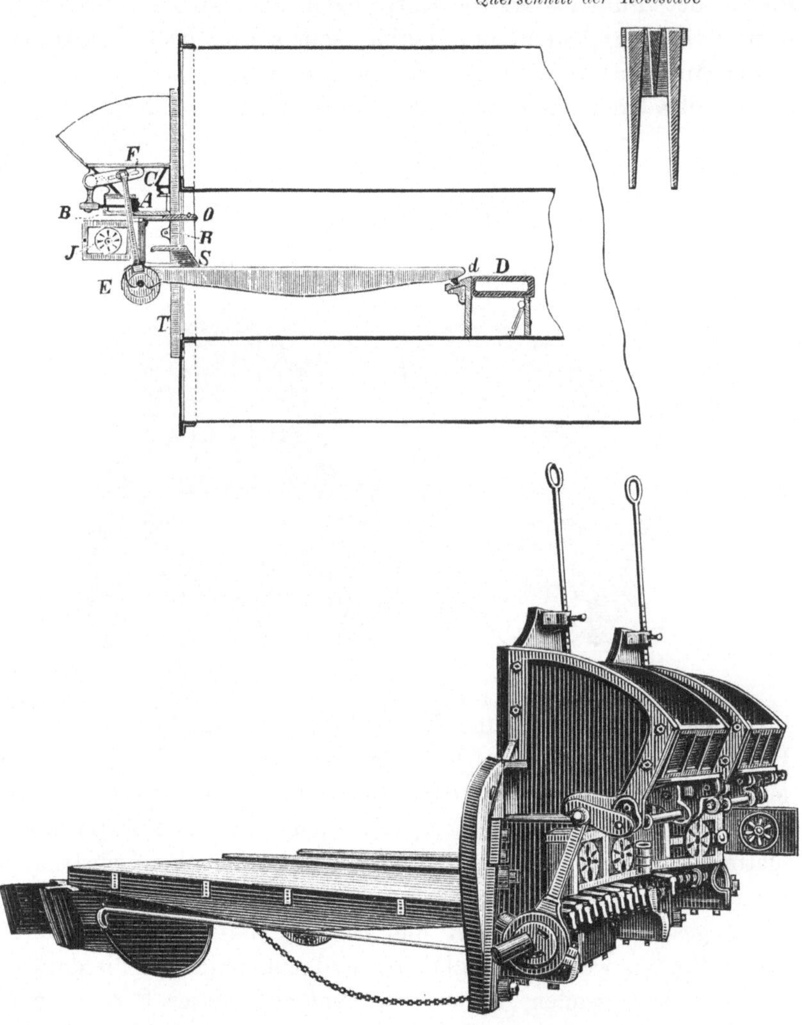

Mechanische Feuerung.   Seitenansicht.

hat man die Regulirung der Brennstoffzuführung sehr leicht in
der Hand. Die sich bildenden Schlacken werden ebenfalls vom

Anfang der Feuerung nach der Brücke zu geschafft, über welche
weg sie schliesslich in dem Feuercanal zu Boden fallen; von
dort können sie durch ein dazu vorgesehenes Thor entfernt werden. Die Kohle wird durch einen Kolben A, der sich auf dem
Boden des Fülltrichters bewegt, nach dem Roste transportirt
resp. zerkleinert, wenn dies nöthig sein sollte. Der Kolben ist
in der Mitte etwas niedriger als an den Seiten, sodass an letzteren mehr Brennmaterial aufgegeben wird, als in der Mitte.

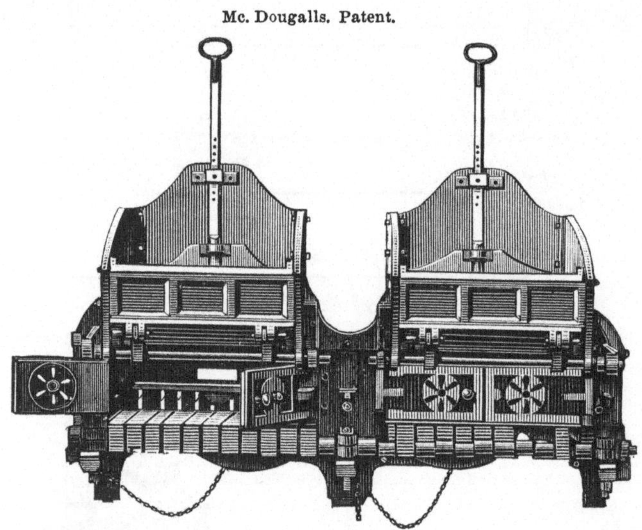

Eine bemerkenswerthe Einrichtung ist zum Entzünden des
Brennmaterials getroffen, bevor es den Rost erreicht, um der
Möglichkeit vorzubeugen, dass dasselbe, wenn es kalt auf die
Roststäbe kommt, von diesen zermahlen wird. Die Entgasungs-
platte O, auf welche die frische Kohle geschoben wird, ragt
einige Zoll in den Feuerraum hinein und sind unmittelbar darun-
ter 2 geschlitzte Platten R und S zum Luftzulass angeordnet.
Diese Platten werden rothglühend und entzünden so die darüber
hin sich bewegenden Kohlen. Im Anfange dieser Periode wird
natürlich Rauch erzeugt, der aber noch bevor er die Feuerbrücke
erreicht verzehrt wird, da genügend viel Luft in hocherhitztem
Zustande durch das Feuer passirt und so die Rauchverbrennung
bewirkt.

Die Resultate dieses Apparates sind bessere als mit Handfeuerung durchschnittlich erreichbar; bezüglich Rauchverminderung aber ist seine Wirkung keine so vollkommene, als mit Zuführung des Brennmaterials von unten.

Newton's Mechanical Stoker Patent No. 4743/78.

Dieser Apparat vertheilt die nahezu pulverisirte Kohle vermittelst eines Stromes erhitzter Luft auf dem Roste. Die Kohle

Mechanische Feuerung vermittelst erhitzter Luft.

wird durch Fülltrichter einem Paar Walzen aufgegeben, welche dieselbe entsprechend zerkleinert in ein gusseisernes Rohr befördern. In dies Rohr tritt erhitzte Luft ein und bläst die Kohle auf den Rost. Den Windstrom erzeugt man durch einen hinter dem Kessel angeordneten Ventilator und legt die Windleitung in einen der Feuer-Seitenzüge um die Luft zu erhitzen.

Die Wirkung dieser Einrichtung kommt der einer Gasfeuerung, wenigstens bezüglich Rauchlosigkeit und guter Ausnützung des Brennmaterials, ziemlich nahe. Das Princip ist zweifellos richtig. Die praktischen Uebelstände, die in einem leicht vorkommenden Stocken der Kohle im Zuführungsrohre liegen (durch Backen bei eintretender Erhitzung) können jedenfalls durch sorgfältige Wahl eines entsprechend mageren und trockenen Brennmaterials beseitigt werden; auch wird die Erfahrung wesentlich hierzu beitragen, die mit einer grösseren Anzahl von Anwendungen gewonnen wird. Auf einen Uebelstand aber will ich besonders aufmerksam machen, der diesem Feuerungssystem eigenthümlich ist, nämlich dass der bei weitem grösste Theil der Asche, welche im Brennmateriale enthalten ist, nicht aus der Feuerung fällt, sondern an die Wandungen und in die Züge derselben kommt. Die Asche enthält stets einen Theil Alkalien, die dem feuerfesten Materiale der Heizkammer sehr nachtheilig sind, resp. dasselbe zerstören. Ausserdem setzt die Flugasche die Feuerzüge zu und greift das Kesselmaterial an. Ich habe diese Erfahrung bereits bei den ersten Versuchen mit meinem Regenerativ-Heizsystem gemacht; dieselben bezogen sich nämlich auf Verwendung von festem Brennmateriale mit einfacher Luftregeneration. Wenn ich damals auch im Stande war, damit die höchsten Temperaturen zu erzeugen, so setzten sich doch sehr bald die Regeneratoren mit Flugasche zu, sodass in kurzer Zeit eine genügende Luftpassage unmöglich wurde. Dieser Fall wird, wenn auch nicht so schnell, wie bei meinem eben erwähnten Ofen, doch auch bei Newton's Apparat eintreten. Für Kesselfeuerung müsste ebenfalls Sorge getragen werden, die Bildung von Stichflammen zu vermeiden.

Chubbs Patent Atmospheric Blast.

Wie aus der Skizze ersichtlich, wird durch die Feuerbrücke ein Strom Luft, ohne Gebläse durch natürlichen Auftrieb eingeführt. Diese Luft soll allen Rauch verbrennen, da sie sich theils durch die strahlende Wärme des Rostes, theils durch directe Berührung mit der heissen Feuerbrücke hoch erhitzt.

Chubb's Patent Luftgebläse.

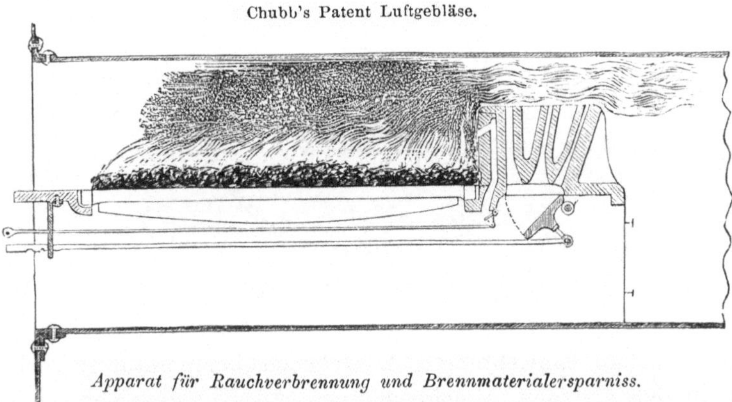

Apparat für Rauchverbrennung und Brennmaterialersparniss.

Ein diesem sehr ähnliches Arrangement ist von E. L. Gowthorpe, Nottingham ausgestellt, der die Luft in Rohren hinter die Feuerbrücke bringt.

Patent E. L. Gowthorpe.

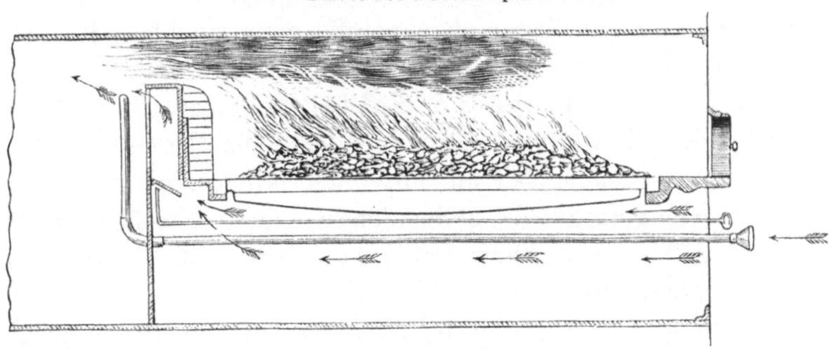

Apparat für Rauchverbrennung und Brennmaterialersparniss.

Die Apparate mit Luftzuführung durch die Feuerbrücken oder hinter denselben können unter Umständen namentlich bei guter Regulirung des Luftquantums rauchverbrennend wirken, sind aber immer von untergeordneter Bedeutung, da sie die Bildung von Rauch überhaupt nicht verhindern, sondern um zu wirken, das Vorhandensein desselben voraussetzen. Sehr leicht

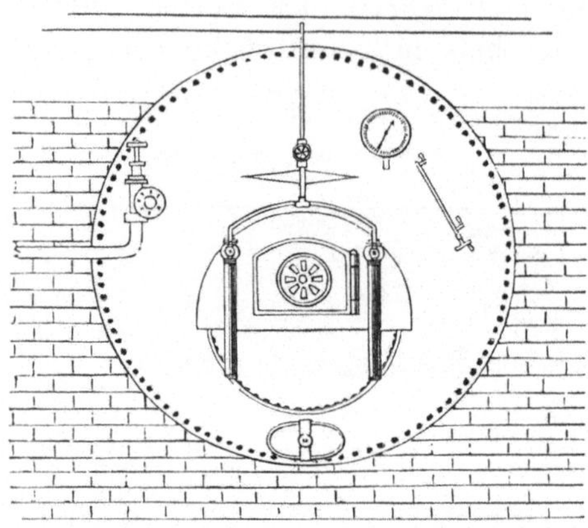

sind derartige Einrichtungen Ursache zu Temperaturerniedrigungen in den Canälen, gleichbedeutend mit Kohlenverschwendung, nämlich dann, wenn überhaupt kein Rauch vorhanden ist, den die eingeführte Luft verbrennen kann.

Die verschiedenen bei uns ebenfalls bekannten Roste und Feuerthürconstructionen übergehe ich.

Zum Schluss der Beschreibung von Kesselfeuerungen will ich noch ein Mittel erwähnen, dessen man sich bedient, um auch bei Verwendung von festem Brennstoffe eine rauchlose Feuerung zu erzielen. Es ist dies die Anwendung eines Dampfstrahles, den man in die glühenden Kohlen einbläst. Der Process der sich hierbei vollzieht ist folgender: Der Dampf, welcher überhitzt werden muss, um mit einer mindestens 500° C. betragenden Temperatur die glühenden Kohlen zu treffen, zerlegt sich, und giebt seinen Sauerstoff an die Kohle ab; sein Wasserstoff, also brennbares Gas, wird frei. Die Heizungsmethode bildet somit eine Art Wassergasheizung, auf die ich später zurückkommen werde. Nicht zu verwechseln ist diese Art von Feuerung

mit der von der *Smoke-Consuming* und *Fuel Saving Company,
London E. C.* ausgestellten Anlage. Es wird bei dieser ein Dampf-

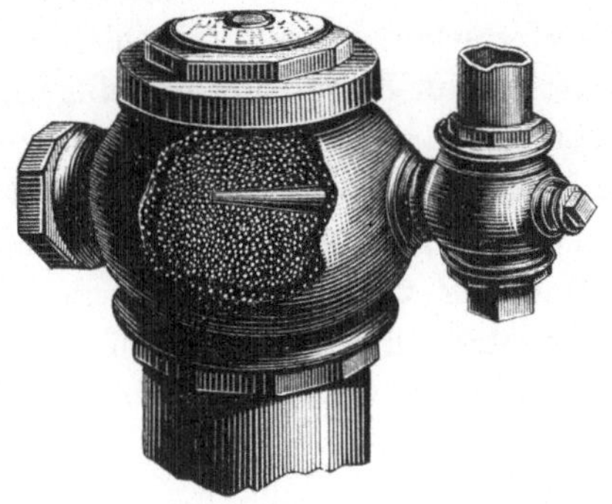

*Dampfstrahlgebläse für rauchlose Feuerung
der Great Britain Smoke Consuming und Fuel Saving Company London E. C.*

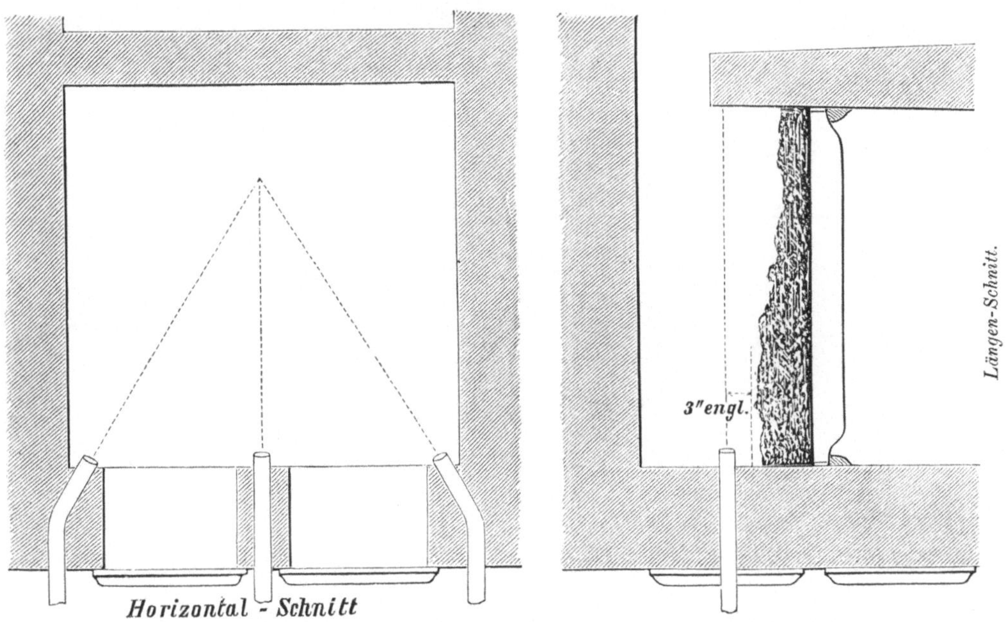

*Dampfstrahlgebläse für rauchlose Feuerung
der Great Britain Smoke Consuming und Fuel Saving Company London E. C.*

strahlgebläse benützt (siehe Skizze) um über dem Feuer ein Gemisch von Luft und Dampf zum Zwecke der Rauchverhinderung

einzublasen. Die Wirkung dieser Einrichtung ist nicht wesentlich besser, als wenn man warme Luft ohne Dampf durch einen
Ventilator einblasen würde. Die unvollkommene Wirkungsweise
bezüglich der Dampfzersetzung beruht in diesem Falle auf zwei
Ursachen; einmal ist die zur Zersetzung des eingebrachten Wasserdampfes nöthige Temperatur nicht immer vorhanden und andererseits fehlt auch zu Zeiten der nöthige Kohlenstoff über dem Feuer,
der überhaupt in zu geringen Mengen im Rauche enthalten ist,
um eine sichere Wirkung zu erzielen. Sowohl bei zu niedriger
Temperatur, als bei Mangel an Kohlenstoff ist eine Dampfzersetzung nicht möglich. Es wirkt dann der Dampf abkühlend,
und tritt mithin das Gegentheil der beabsichtigten Wirkung ein.

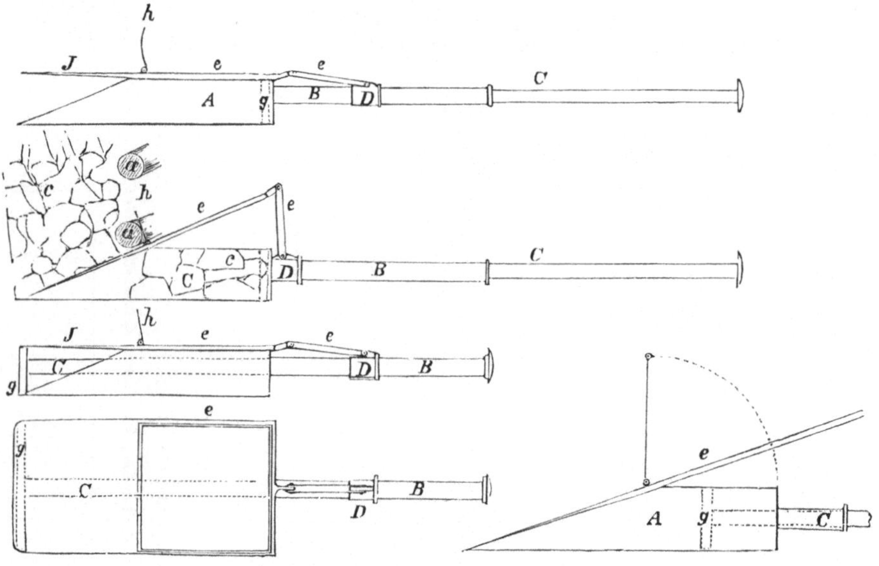

Melville's Hand-Schaufel für rauchlose Feuerung.

Auf der Ausstellung sind noch eine Menge Feuerungsanlagen
und Apparate für die verschiedensten gewerblichen oder häuslichen Zwecke vertreten, welche nicht wohl zu klassificiren sind
und daher nur einzeln vorgenommen werden können. Von diesen
will ich hier noch *Melville's Smoke-abater Shovel* erwähnen, einen

Apparat, der für Handbetrieb eingerichtet, die Einführung des frischen Brennmaterials unmittelbar auf den Rost unter die glühenden Schichten ermöglicht, und namentlich für Hausgebrauch bestimmt ist. Die rauchvermindernde Wirkung dieser kleinen sehr handlichen Schaufel ist ganz vorzüglich und ihr Gebrauch schnell erlernt. Das eigentliche Schaufelblatt wird von einem Kasten A gebildet, der das frische Bennmaterial aufnimmt. Die Vorderseite dieses Kastens bildet ein an der Deckplatte aufgehangener Klappdeckel F, dessen · Unterkante auf dem Boden der Schaufel liegt. In dem Kasten selbst bewegt sich ein Kolben g, der seine Führung durch eine im hohlen Schaufelstiele B geführte Stange C erhält. Die vordere Klappe ist mit einem Hebel e versehen, der mit einem auf dem hohlen Stiele beweglichen Schieber D verbunden ist. Für den Gebrauch öffnet man den Deckel F durch Zurückziehen des Schiebers D, füllt Material ein und schliesst den Deckel wieder. Jetzt schiebt man den ganzen Apparat auf dem Roste hin, unter das Feuer. Eine gleichzeitige Rückwärtsbewegung des Schiebers D und Vorwärtsbewegung des Kolbens g mit Stange C, öffnet den Deckel, hebt also das obere, hinten liegende Brennmaterial, und schiebt die frische Kohle vermittelst des beweglichen Kolbens aus der Schaufel in den Ofen; darauf wird die Schaufel aus dem Feuer gezogen*).

lch lasse noch einige auf die Sammlung, resp. Ausnutzung und die Entfernung des Russes bezügliche Einrichtungen in Beschreibung folgen.

H. Newcome, Barnlet hat einen Apparat ausgestellt, der zum Zweck hat, den Russ zu sammeln und die ihm anhaftende Wärme durch Ausstrahlung für Heizzwecke nutzbar zu machen. Er schaltet zu diesem Zwecke zwischen dem Schornsteine und der Feuerung ein horizontales Schlangenrohr ein. Dies Rohr müssen die Verbrennungsproducte passiren und setzen dort den Russ ab, der in einem vor dem Rohre liegenden Reservoire gesammelt und leicht entfernt werden kann. Eine im verticalen Abzugsrohre des Apparates angebrachte Klappe, gestattet auch,

---

*) c stellt die Kohlen, a die Kaminroststäbe vor. h eine Feder um die richtige Schaufelstellung durch Anschlag an die Roststäbe zu bestimmen.

das Feuer in directe Verbindung mit dem Schornsteine zu bringen. Der Apparat ist von nicht schlechter Wirksamkeit, d. h. es sammelt sich in der That der grösste Theil des Russes in demselben. Abgesehen davon, dass er natürlich den Schornsteinzug vermindert, ist es fraglich ob die Reinigung des Apparates, wenigstens in einem bewohnten Raume, nicht mit mehr Unannehmlichkeiten bezüglich Flugruss und schlechten Geruchs, verknüpft ist, als die Reinigung des Schornsteins. Immerhin ist der Apparat, da sich seine Form den jeweiligen örtlichen Verhältnissen leicht anpassen lässt, für gewisse Fälle gut anwendbar, z. B. für Werkstätten, Magazine etc. Er trägt durch die Zurückhaltung des Russes auch zur Verminderung der Rauchbelästigung bei.

Einen auf ganz gleichen Principien beruhenden Apparat hat *E. Nash*, *St. Albans* ausgestellt. Er bringt seinen Apparat nur so an, dass ein von aussen eintretender Strom frischer Luft sich daran erwärmen, und so ventilirend wirken kann. Besonderes Gewicht wird von beiden Ausstellern auf die Verminderung von Essenbränden durch diese Art Apparate gelegt, resp. der dadurch verursachten Feuersgefahr für das ganze Haus. Ich bin der Ansicht, dass bei entsprechender Anlage der Esse, wie sie z. B. unsere baupolizeilichen Vorschriften verlangen, und bei entsprechender Reinigung, selbst wenn ein Essenbrand wirklich vorkommt, derselbe doch auf den Schornstein beschränkt und so ohne weiteren Schaden bleibt.

B. Goodfellow, *Manchester* (*Patent Johnson*) will den Russ durch Waschen der abziehenden Verbrennungsproducte entfernen. Andere Aussteller beabsichtigen durch Einblasen eines Luft-, resp. Dampfstrahles am Fusse des Schornsteins den Russ nach oben zu treiben und dort aufzufangen. Alles dies sind Methoden, die für unsere Verhältnisse nicht passen.

Die nur in einzelnen Exemplaren aufgestellten Apparate um Oel, Petroleum, Paraffin und ähnliche Materialien als Heizstoffe zu benützen, wie sie z. B. von der *Silber-Light-Company*, London und *James Gillingham*, *London* ausgestellt sind, will ich hier nur erwähnen. Dieselben können mit den Gaseinrichtungen keinesfalls concurriren. Wenn sie auch bezüglich Rauchlosigkeit gut wirken, so sind doch die Heizkosten verhältnissmässig hohe;

ebenso erfordern die Apparate viel Bedienung. Die Anwendung von dergleichen Oefen ist nur eine beschränkte und ihre Construction noch verbesserungsfähig.

Die unter Section C. ausgestellten Heizanlagen für Gebäude, die sich auf Warmwasser-, Luft- und Dampfheizung beziehen, will ich nur erwähnen, ohne dieselben einer eingehenderen Besprechung zu unterziehen. Die Section C. ist verhältnissmässig am schwächsten beschickt, sie zählt nur etwa 16 Aussteller. Unsere klimatischen Verhältnisse und die ganze Einrichtung unserer Wohnhäuser überhaupt, hat uns viel eher zur Einführung der Centralheizung genöthigt. In England ist das Bedürfniss dafür lange nicht in dem Masse vorhanden, wie bei uns und finden aus diesem Grunde die oben erwähnten Anlagen dort wenig Anwendung, während hier in diesem Fache Vorzügliches geleistet wird, da wir die aus den verschiedensten ausgeführten Anlagen gewonnene praktische Erfahrung voraus haben.

Alle beschriebenen Anlagen und Apparate mit directer Feuerung bieten aber bei weitem die Vortheile nicht, wie die Anlagen mit Gasfeuerung und solche mit Electricität betrieben, die ich nunmehr einer ausführlichen Beschreibung unterziehen will.

Zunächst werde ich die mit Gas betriebenen Einrichtungen in derselben Reihenfolge, wie die directen Feuerungen, beschreiben und daher mit den Gas-Kaminfeuerungen beginnen.

Wie unter den jetzigen Verhältnissen nicht anders zu erwarten war, ist Leuchtgas als das allein in den gewöhnlichen Wohnungen zur Verfügung stehende Gas-Brennmaterial zur Anwendung gekommen, und zwar combinirt mit Kohle, Coke oder Anthracit, ferner in Verbindung mit zum Zwecke der Magazinirung der Wärme angebrachten Vorrichtungen aus Asbest, Platingewebe, Bimstein etc. oder auch ohne diese Mittel als gleichzeitige Licht- und Wärmequelle vielfach mit ventilirender Wirkung. Hier tritt uns, wie schon früher erwähnt, die Gasfeuerung meines Bruders C. William Siemens als anerkannt vorzügliche Einrichtung in verschiedenartiger Form ausgeführt entgegen.

Der *Siemens-Grate* vermeidet Rauch, Russ und die Bildung übelriechender Gase, bei einer Ersparniss an Brennmaterial und bietet, worauf der Engländer ganz besonders Gewicht legt, den Anblick eines freundlichen Feuers; der *Siemens-Grate* ist in der That „*a cheerfull open English Fire-Place*". Der Apparat ist für combinirte Anwendung von Gas mit Kohle, Coke oder Anthracit construirt, und mit einer Art Wärmeregenerirung versehen. Vor einem Heerde, ähnlich dem gewöhnlichen aber ohne Planrost, ist hinter dem unteren vorderen Roststabe ein Gasrohr gelegt, welches aus einer Anzahl Löcher einzelne Gasflammen auf das aufgeschichtete feste Brennmaterial wirken lässt. Den Boden und die Rückwand des Kamins bilden massive, eiserne Platten, welche die Wärme nach unten leiten und an die zur Verbrennung kommende Luft abgeben. Die heisse Luft, die zunächst mit dem Gas in Berührung kommt, bewirkt bei dessen Verbrennung natürlich eine grössere Hitzeproduction, die auf das Brennmaterial übertragen, dieses schnell zum Glühen bringt. Sind die oberen Schichten desselben einmal glühend, so kann das Gas abgestellt, resp. dessen Zufluss wesentlich vermindert werden. Die Wegleitung der Wärme von der Rückseite des Feuers hat den grossen Vortheil, dass gerade dort, wo am wenigsten Luft hinkommen kann, das Brennmaterial nicht durch grosse Hitze abdestillirt und die Producte dieser durch heisse Rückwände bewirkten lebhaften Destillation nicht unverbrannt als Rauch durch den Schornstein entweichen. Bezüglich genauer Klarlegung der Constructionsgrundlagen und der Wirkungsweise des *Siemens-Grate* verweise ich auf den folgenden von meinem Bruder verfassten „Beitrag zur Rauchfrage", den ich bereits im September 1881 übersetzen und drucken liess, als das öffentliche Interesse für die Rauchfrage bei uns durch Zeitungsnotizen über die damals nahe bevorstehende Eröffnung der *Londoner Smoke-Abatement-Exhibition* wieder rege geworden war.

Zur Rauchfrage.

„Nature" Donnerstag, den 11. November 1880.

Die zunehmende Dunkelheit, welche die Londoner Winteratmosphäre auszeichnet, ist die Veranlassung gewesen, in Erwägung zu ziehen, ob dies ein unvermeidliches, mit dem Verbrauche von Kohle in Bevölkerungscentren verknüpftes Uebel sei, oder ob Mittel gefunden werden können, die uns mit Wärme und denjenigen Annehmlichkeiten versorgen, die uns zum reichlichen Gebrauch von mineralischem Brennmaterial nöthigen, ohne deshalb die Sonnenstrahlen entbehren zu müssen, ohne uns selbst und alles was wir anrühren mit Russ bedeckt zu finden, und ohne gelegentlich am Mittag sogar unsern Weg mit einem dem Ersticken verwandten Gefühle tastend suchen zu müssen.

Ich bin entschieden der Meinung, dass diesem Uebel abgeholfen werden kann und dass seine Heilung durch eine auf die Grundsätze der Feuerungsmaterialersparniss gerichtete besondere Aufmerksamkeit erfolgen würde.

Bis in die letzten Jahre war eine Verschwendung an Brennmaterial die Regel, bei grossen Fabrikanlagen sowohl, wie für häusliche Zwecke, es sind aber in den letzten zwanzig Jahren grosse Fortschritte gemacht worden, um die Art und Weise der Verbrennung von Heizstoffen zu verbessern unter Dampfkesseln wie in den Oefen für hüttenmännische Processe. Der Regenerativ-Gasofen, welcher der Gegenstand von Faraday's letztem Vortrage in der *„Royal-Institution"* im Jahre 1862 war, hat seinen Theil dazu beigetragen, indem er bedeutende Brennmaterialersparniss bei vollkommener Abwesenheit von Rauch aus dem Schornstein bietet.

Seitdem durch die Anwendung von gasförmigem Heizmaterial derartige Resultate erzielt worden sind, scheint a priori kein Grund vorhanden zu sein, warum analoge Resultate nicht auch im Kleinen durch dessen Anwendung zu erzielen sein sollten, gerade für Heizung unserer Wohnungen, welche, obgleich in jedem einzelnen Falle eine geringe Anwendung, in ihrer Gesammtheit doch den weitaus bedeutendsten Verbrauch an Heizmaterial bilden.

Gaskamine sind von Vielen, die Freunde des Fortschritts sind, versucht worden, aber ich kenne verschiedene Fälle, in denen wegen der verhältnissmässig hohen Ausgabe und wegen Beschwerden, die in der Entstehung von Geruch oder sogenannter „trockener Hitze" im

Zimmer ihren Grund haben, die seit lange in Ehren gehaltenen rauchigen, aber freundlichen Kohlenfeuer wieder eingeführt wurden.

Ein Gaskamin, den ich in der gebräuchlichen Weise in meinem Billardzimmer angebracht hatte und der aus drei Leuchtgasrohren mit über dem Kamin vertheilten Oeffnungen bestand, die mit Bimsstein bedeckt waren, bot sicher einen unschönen Anblick und füllte das Zimmer (trotz eines guten Schornsteinzuges) mit Dämpfen, welche den Vortheil dieser Art Feuerung zweifelhaft machten. Von der Oberfläche des Bimssteins konnten diese Dämpfe wegen dessen Nähe am Schornstein unmöglich ins Zimmer gekommen sein. Die Beobachtung liess mich sofort zu dem Schlusse kommen, dass diese Dämpfe in der That von dem Aschenraume aus in das Zimmer gelangten. Die durch die Gasflamme entwickelten Verbrennungsproducte steigen ohne Zweifel aufwärts, so lange sie heiss sind, aber indem sie ihre Wärme an den Bimsstein abgeben, werden sie sehr schnell kalt, und da sie schwerer als atmosphärische Luft sind, steigen sie zwischen dem Roste und den Flammenröhren abwärts und gelangen so in das Zimmer.

Die erste Bedingung, die für einen gut wirkenden Gaskamin zu erfüllen ist, besteht darin, dass alle Gasmündungen, mit Ausnahme derjenigen, die unmittelbar hinter dem untersten vorderen Roststab liegen, weggelassen werden und an Stelle des Rostes eine massive eiserne Platte tritt.

Anstatt träge Substanz, wie Bimsstein, zu benutzen, halte ich es für bei weitem sparsamer und nutzbringender, die Hitze der Gasflammen auf Cokes oder Anthracit*) zu übertragen, welche, wenn einmal heiss, dem Gase helfen, eine für die Ausstrahlung genügende Temperatur zu erzielen und zu unterhalten, und zwar vermöge ihrer eigenen langsamen

---

*) Anthracit, Kohlenblende. Eine Art natürlicher Steinkohle von sammetschwarzer bis dunkelschwarzgrauer Farbe. Seine Eigenschaften sind denen der Steinkohle sehr ähnlich; es ist offenbar das letzte Product jener Processe vegetabilischer Ablagerungen, denen die Steinkohlen ihre Bildung verdanken. In seinen reinsten Sorten verbrennt Anthracit ohne jede Rauchentwickelung; er ist schwer entzündbar und brennt nur bei sehr gutem Luftzuge fort. Er ist meist schwefelfrei. Sein Kohlenstoffgehalt schwankt zwischen 70—98% sein Aschengehalt zwischen 4,5—5%. Der englische Anthracit aus Wales hat folgende Zusammensetzung:

$$
\begin{array}{ll}
\text{Kohlenstoff} & 90{,}29 \\
\text{Wasserstoff} & 3{,}33 \\
\text{Sauerstoff} + \text{Stickstoff} & 4{,}80 \\
\text{Asche} & 1{,}58 \\
\text{Es beträgt die Cokesausbeute} & 91{,}30 \\
\end{array}
$$

Verbrennung. Das Gas sollte nicht schon im Rohre mit atmosphärischer Luft gemischt werden, wie es geschieht und wobei man einen Bunsenbrenner erhält, weil sich durch Benutzung von unvermischtem Gase zwischen den Cokesstücken nahe der Vorderseite des Feuers eine schöne Flamme bildet, die auf das Auge denselben Eindruck macht, wie ein gut entzündetes gewöhnliches Kohlenfeuer; die heisse, kohlenstoffhaltige Schicht, die es durchdringen muss, sichert seine vollständige Verbrennung vor dem Eintritte in den Schornstein.

Immerhin wird Wärme an der Rückseite des Feuers aufgespeichert, ungeachtet des Weglassens der Roststäbe, und um den thunlich höchsten Effect zu erlangen, sollte man diese Wärme dazu benutzen, die Temperatur der Gasflammen und der Cokes an der Vorderseite des Feuers zu steigern.

Um dies auszuführen, habe ich einen Feuerheerd construirt, wie er in Figur 1 dargestellt ist.

Die eiserne Platte c ist an eine stabile Kupferplatte a genietet, welche die Rückwand des Feuerheerdes bekleidet und von dem Kreuzungspunkte aus 10 Zoll*) auf- und abwärts misst. Die Platte c hört etwa 1 Zoll hinter dem unteren Roststabe auf, um für ein Gasrohr von $1/_2$ Zoll Durchmesser Raum zu lassen, welches mit Löchern von etwa $1/_{16}$ Zoll in Abständen von $1^1/_2$ Zoll längs der Innenseite seiner Oberfläche versehen ist.

Dieses Rohr ruht auf einer unteren Platte d, welche nach der Rückseite zu umgebogen ist und so einen verticalen und horizontalen Canal von etwa 1 Zoll Weite zwischen den beiden Platten bildet. Eine Fallthür e, durch eine Feder gehalten, ist dazu bestimmt, Aschentheile, die etwa in diesen Canal fallen könnten, zu entfernen.

Der verticale Theil dieses Kanales wird durch einen Streifen Kupferblech ausgefüllt, der 4 Zoll hoch hin- und wiedergebogen, etwa wie eine Halskrause gefältelt und an die kupferne Rückwand angenietet ist. Kupfer ist ein sehr guter Wärmeleiter, und die Rückwand, vorausgesetzt, dass sie nicht dünner als $1/_4$ Zoll ist, bietet einen grossen leitenden Querschnitt und überträgt die Hitze der Rückseite des Heerdes auf den Kupferstreifen in dem verticalen Canale.

Durch diese Wärme wird ein Luftstrom hervorgebracht, der, den horizontalen Canal längs durchstreichend, auf die Gasflammenreihe trifft und deren Leuchtkraft bedeutend erhöht. Die durch dies einfache Arrangement der Luft mitgetheilte Hitze ist so gross, dass ein Stück Blei, etwa $1/_2$ Pfund schwer, durch die Fallthüre in den Canal einge-

---

*) 12 inches (Zoll) = 1 foot (Fuss) = 30,4794 Centimeter.

bracht, in fünf Minuten schmolz, was das Vorhandensein einer Temperatur von etwa 619⁰ F*) = 326⁰ C beweist. Die Entnahme der Wärme von der Rückseite bietet ausserdem noch den Vortheil, die Verbrennung der Coke dort zu verzögern, sie aber an der Vorderseite des Heerdes zu befördern.

Die Skizze stellt einen Feuerheerd in meinem Bureau dar, einem Zimmer von 7200 Cubikfuss Rauminhalt und mit der Front nach Norden, Es war stets schwierig, dies Zimmer durch ein Kohlenfeuer bei kaltem Wetter auf 60⁰ F = $12^4/_9^0$ R zu halten; es ist dies aber, seit das Zimmer mit einem soeben beschriebenen Gascoke-Feuerheerd versehen wurde, ohne jede Schwierigkeit möglich gewesen.

Die Vorwärme-Einrichtung für die Luft ist nicht unbedingt nothwendig; in verschiedenen Feuerheerden, die ich für Gas umgewandelt habe, habe ich den horizontalen Rost einfach mit einer nicht ganz bis zu dessen Vorderkante reichenden eisernen Platte abgedeckt oder habe den Raum unter dem untersten Bodenroststab mit einem dichtschliessenden Aschenkasten abgeschlossen und das Gasrohr hinter dem niederen Roststabe eingeführt, — alles Aenderungen, die mit einem ganz unbedeutenden Kostenaufwande angebracht werden können und den Vortheil grosser Reinlichkeit bieten, da der Aschenkasten nur in Zwischenräumen von einigen Tagen zum Zwecke der Entleerung herausgezogen zu werden braucht. Immerhin ist aber das Aussehen des Feuers in diesem Falle weniger brillant, als wenn das Heissluft-Arrangement angewendet wird.

Zum Zwecke der Prüfung der Ausnützungsfrage habe ich das Gas, welches auf dem Heerde verbraucht wurde, durch einen zehnflammigen trockenen Parkinson'schen Gasmesser gehen lassen, den mir die *Woolwich-Plumstead and Charlton Consumers Gas-Company* geliefert hatte; der verbrauchte Coke ist ebenfalls sorgfältig gewogen worden.

Das Ergebniss einer Tagescampagne von 9 Stunden ist der Verbrauch von 62 Cubikfuss Gas und 22 Pfund**) Coke. (Der auf dem Heerde verbleibende Coke wird immer zum Verbrauche des folgenden Tages geschrieben.) Nimmt man das Gas zu dem mittleren Londoner Preise von 3 Schilling 6 Pence für 1000 Cubikfuss und den Coke zu

---

*) F = Anzahl der Grade Fahrenheit,

    C =   „   „   „   Celsius,

    R =   „   „   „   Réaumur,

$$C = \frac{5\,(F-32)}{9}; \quad R = \frac{4\,(F-32)}{9};$$

**) 1 Pound (lb) = 453, 5925 Gramm,

   112 Pounds (lbs) = 1 Hundredweight (cwt.),

   20 Hundredweight = 1 Ton = 1016,04822 Kilogramm.

18 Schilling die Tonne, so stellt sich die Rechnung für 9 Stunden folgendermaassen:

$$62 \text{ Cubikfuss Gas zu 3 sh. 6 d. per } 1000 = 2{,}604 \text{ d.}$$
$$22 \text{ Pfund Coke zu 18 sh. die Tonne } . \ = 2{,}121 \text{ d.}$$
$$\text{Summe } 4{,}725 \text{ d.}$$

oder zum Preise von

$$0{,}525 \text{ d. per Stunde.}$$

Im früheren Zustande, als Kohlenheerd, belief sich der Verbrauch auf $2\frac{1}{2}$ grosse Schwingen Kohlen per Tag, jede zu 19 Pfund oder 47 Pfund Kohlen zu 23 sh. die Tonne, ergiebt 5,7 d. für 9 Stunden oder **0,633** d. per Stunde.

Dieses Resultat zeigt, dass das hier beschriebene Cokes-Gasfeuer nicht nur ein besser wärmendes, sondern auch ein billigeres ist als sein Vorgänger, mit dem Vortheil zu seinen Gunsten, dass es entzündet werden kann, ohne das Brennmaterial aufbauen zu müssen, dass es brennen bleibt, ohne geschürt zu werden, dass es vollkommen rauchfrei ist, und dass das Gas jeden Augenblick auf- oder zugedreht werden kann, was in vielen Fällen bedeutende Ersparniss mit sich bringt.

Für den ersten Augenblick mag es befremden, dass der Gebrauch von Coke und Gas gesondert ebenso billig sein sollte, um einen gegebenen Effect zu erzielen, wie die Verbrennung rohen Brennmateriales, welches beide Bestandtheile in sich schliesst; aber die Erklärung kann in dem Umstande gefunden werden, dass im Falle der Anwendung des Gascokesfeuers keine Hitze durch den Schornstein verloren geht, sondern dass dieselbe vollkommen dazu ausgenützt wird, die Cokes an der Vorderseite des Heerdes in den der Wärmeausstrahlung in das Zimmer günstigsten Zustand zu bringen.

Ich halte es für barbarisch, rohe Kohle zu irgend einem Zwecke zu benutzen und glaube, dass die Zeit kommen wird, in der alles rohe Brennmaterial bereits in seine zwei Bestandtheile zerlegt ist, ehe es unsere Fabriken und unsere Wohnungen erreicht.

Eine derartige Massnahme würde nicht nur die Erledigung der Rauchfrage in sich schliessen, sondern auch besonders werthvoll durch die damit erreichte Geldersparniss werden.

Zum Schlusse will ich noch bemerken, dass ich diese Angelegenheit aufgenommen habe, ohne durch dieselbe Gewinn erzielen zu wollen, und dass ich sehr gern Bauherren und Anderen, die diese Heerde einführen wollen, mit allen nöthigen Angaben zur Verfügung stehe, die den Erfolg sichern.

„*Nature*" Donnerstag, den 25. November 1880.

Durch Ihre Gefälligkeit bin ich in der Lage, auf die Bedenken zu antworten, die von drei Correspondenten gegen meinen Gascokes-Rost erhoben worden sind, noch bevor dieselben in den Spalten Ihrer Zeitung Aufnahme gefunden haben.

Herr Dr. A. Stevenson hielt den Gebrauch von Cokes der bei dessen Verbrennung stattfindenden Gasentwickelung halber für bedenklich und besonders des Kohlenoxydgases wegen, welches die Atmosphäre vergiften würde. Als Erwiderung darauf habe ich zu bemerken, dass, wenn Coke unter Zuführung heisser Luft verbrannt wird, der sich an der Vorderseite des Rostes in Berührung mit der Luft befindet, eine vollkommene Verbrennung gesichert ist, die nur Kohlensäure producirt, welche einen unvermeidlichen Bestandtheil der Atmosphäre bildet.

Wenn man dieselbe Wärmemenge durch vollständige Verbrennung von Gas erzielen wollte, würden sich auch Verbrennungsproducte entwickeln, was vom sanitären Standpunkte aus betrachtet, mindestens ebenso bedenklich wäre.

Der Gas-Asbest-Feuerheerd, welchen er beschreibt, ist offenbar scharfsinnig erdacht, aber seine Heizkraft für das Zimmer hängt vollständig von der Verbrennung des Gases ab, die weder durch heisse Luft noch durch solides Brennmaterial unterstützt wird. Es wiegen 1000 Cubikfuss Gas 34 Pfund, und die bei der Verbrennung derselben entwickelte Hitze kann $34 \times 22000 = 748{,}000$ Wärmeeinheiten nie überschreiten.

Die durch Verbrennung eines Pfundes Cokes erzeugten Wärmeeinheiten können zu 13,400 in Rechnung gebracht werden (wenn man annimmt, dass derselbe etwa 8% unverbrennlicher Beimengungen enthält, und das Wärmeäquivalent des reinen Kohlenstoffes 14,500 Einheiten ist), es sind mithin $\dfrac{748{,}000}{13{,}400} = 56$ Pfund oder gerade ein halbes hundredweight von diesem Cokes erforderlich, um den Heizeffect von 1000 Cubikfuss Gas zu erzeugen.

Nimmt man den Preis des Gascokes zu 18 sh. die Tonne an (welches ein ungewöhnlich hoher Preis ist), so stellen die 56 Pfund Cokes einen Werth von 5,4 d. dar, im Vergleich zu 3 sh. 6 d. für 1000 Cubikfuss Gas, die denselben Heizeffect geben. Dieser grosse Preisunterschied zeigt sofort den Vortheil, der geboten wird, wenn man den Coke soviel wie möglich zur Wärmeerzeugung verwendet. Ohnedies würde ein Gas-Feuerheerd 50 — 60 Cubikfuss Gas per Stunde verbrauchen, während meine Versuche beweisen, dass ein Gasverbrauch von 8 Cubikfuss die Stunde genügt, um ein grosses Zimmer zu heizen, bei einem gleichzeitig mässigen Cokesverbrauch und unter Anwendung der Luftvorwärmung, auf die ich ganz besonders Gewicht lege.

Ein anderer wichtiger Grund, der für die combinirte Verwendung von Gas und Cokes spricht, ist der, dass die vorhandenen Gasanstalten beide Stoffe erzeugen und daher das Material liefern können, um eine sehr bedeutende Menge Gascokes-Feuer zu versorgen, während deren Betriebsmittel und Hauptrohre ganz ungenügend sein würden einer Nachfrage zu entsprechen, die sich durch eine ausgedehnte Anwendung von **nur** mit Gas geheizten Oefen entwickeln müsste.

Mr. Cosmo Innes beschreibt einen Gasheerd seiner Construction. Derselbe hat einen geschlossenen Planrost und ein Gasrohr hinter dem unteren Vorderroststab, wie ich es empfehle. Es wird vorgeschlagen, den Heerd mit gewöhnlicher Kohle zu füllen und das Gas nur als Mittel zum Anzünden des Feuers zu benutzen. Meine Bedenken gegen seine Vorschläge sind folgende:

Wenn er Kohle benutzt, fährt er eben fort, Rauch zu erzeugen, den wir gerade vermeiden wollen, und es verursacht die heisse Rückseite seines Feuers eine lebhafte Destillation des Brennmaterials, deren Producte als Kohlenwasserstoff und Kohlenoxydgas in den Schornstein gelangen. Die Gaseinrichtung, wie sie von ihm angegeben wird, ist ohne Zweifel von guter Wirkung, um ein helles und freundliches Feuer anzustecken; er würde aber in diesem Falle besser thun, einige Holzscheite anstatt Kohlen zu benutzen. Ein schönes Feuer, freilich von nur kurzer Dauer, würde auf diese Weise für billigen Preis in einem Speise- oder Empfangzimmer hergestellt werden können.

Mr. Thomas Fletcher giebt zu, dass mein Heerd den Vortheil der Billigkeit gegenüber einem gewöhnlichen Heerde habe, hält aber den Abbotsfortheerd für den allerbesten. Dieser Heerd ist seiner Mittheilung nach wirklich rauchlos und bildet höchstens eine Handvoll Schlacken innerhalb Monatsfrist, obgleich gewöhnliche Kohle gefeuert wird. Ich habe durchaus nicht die Absicht, die Verdienste des Abbotfortheerdes zu verkleinern, aber ich kann den Grund dafür nicht finden, warum derselbe rauchlos sein soll, da doch rohe Kohle benutzt wird, und die ausserordentlich geringe Erzeugung von Rauch und Schlacken scheint mir darauf schliessen zu lassen, dass Mr. Fletcher eine ganz besonders reine und wahrscheinlich rauchlose Kohle benutzt, sehr verschieden von der gewöhnlich in London gelieferten. Er hält auch die Kosten meines Arrangements für erheblich, und es ist allerdings seine Meinung als die eines praktisch erfahrenen Kaminerbauers sehr beachtenswerth. In der ersten Beschreibung meines Planes habe ich die Einrichtungskosten unberücksichtigt gelassen; da ich aber seitdem von Kaminerbauern betreffs der billigsten Form meines Heerdes und der leichtesten Art und Weise, denselben an bereits bestehenden Kaminen anzubringen, befragt worden bin, habe ich eine Form der Einrichtung erdacht, die — glaube ich — was die Anlagekosten anbebetrifft, wenig zu wünschen übrig lässt.

Das Arrangement ist auf der umstehenden Zeichnung in Fig. 2 dargestellt und besteht einfach aus zwei Theilen, die dem vorhandenen Feuerheerd nur zugefügt werden, nämlich: 1. Dem Gasrohre d mit Löchern von etwa $1/_{16}$ Zoll Durchmesser $1^1/_2$ Zoll Abstand längs der oberen, nach innen geneigten Seite und 2. aus der Winkelplatte a von Guss- oder Schmiedeeisen, die mit angegossenen oder angenieteten, von der Vorder- nach der Rückseite laufenden vorstehenden Rippen b versehen ist, welche Rippen eine grosse Oberfläche bieten und den doppelten Zweck haben, die Winkelplatte auf den vorhandenen Rost zu stützen und die heizende Fläche zu bilden, die in meinem ersten Arrangement durch die kupferne Platte und den gebogenen Blechstreifen hergestellt wurde. Da man Eisen statt Kupferblech anwendet, so ist es nöthig, die Dicke im umgekehrten Verhältniss der Wärmeleitungsfähigkeit der beiden Metalle zu erhöhen, und zwar für die Rückplatte von $1/_4$ Zoll auf $5/_8$ Zoll.

Das Arrangement kann noch vervollkommnet werden durch Anbringung der gebogenen, gegen den unteren Vorderroststab befestigten Platte, welche die eintretende Luft auf die erhitzten Flächen leitet.

Der vordere Rand der horizontalen Platte hat zahnförmige Ausschnitte c (*vandyke openings*), um ein kleines Gitter zu bilden, durch welches die geringe, auf dem Vordertheile des Heerdes durch Verbrennung des Cokes oder Anthracits gebildete Aschenmenge fällt und auf der unteren Schräge nach der Rückseite des Heerdes gelangt, wo ein offener Aschenkasten angebracht werden kann, um dieselbe aufzunehmen.

Wenn man die Einrichtung für neue Heerde zu verwenden beabsichtigt, ist es besser, den gewöhnlichen Planrost ganz wegzulassen und die unteren Rippen der Gussplatte abwärts zu verlängern, sodass dieselben ihre feste Lage finden zwischen der Rückwand des Heerdes und der geneigten Deflectorplatte.

Mr. Fletcher spricht von der grossen Aschenmenge, die sich bilden werde. Diese Menge kann aber unmöglich grösser sein, als bei einem Kohlenheerde, da der Verbrauch an Brennmaterial ja auf weniger als die Hälfte vermindert ist; davon ist noch nahezu die Hälfte Anthracit, ein Brennmaterial, fast ganz frei von Asche. Ich kann auch Mr. Fletchers die Opposition der Hausmädchen betreffende Befürchtung nicht theilen, es sei denn wegen einer **Besorgniss** auf deren Seite, dass ihre und die Dienste der Schornsteinfeger überflüssig werden könnten, dass „ihre Zeit vorüber sei".

Die Absichten der jetzigen Kaminerbauer und ebenso ihrer Correspondenten scheinen, zum Zwecke der Ersparniss, auf Steinfutter gerichtet zu sein, welches ohne Zweifel die Wirkung hat, dass heisse, ausstrahlende Flächen erzeugt werden; ich behaupte aber doch, dass diese Ausstrahlung mit zu grossem Brennmaterialverbrauche erzielt wird, und dass bessere öconomische Resultate erreicht werden, wenn man im Gegentheil die Hitze von der Rückseite des Heerdes abzieht und dieselbe dem reinen kohlenstoffhaltigen Materiale an der Vorderseite des Rostes zuführt.

Um mein Urtheil zu veranschaulichen erinnere ich an dieser Stelle an ein leicht ausführbares Experiment, das Einbringen einer Schaufel voll bituminöser Kohle in einen Stahlofen. Das Resultat ist eine momentane Zerstreuung der Kohle, begleitet von einer kräftigen, abkühlenden Wirkung auf den Ofen. Bei der Construction von Gaserzeugern benutze ich heisse Mauern, um solides in gasförmiges Brennmaterial zu verwandeln. Ein Feuerheerd mit heisser Boden-, Seiten- und Rückwand ist nahezu in dem Zustande eines im Betriebe befindlichen Gaserzeugers, ohne Zweifel strahlende Wärme abgebend, aber gleichzeitig Veranlassung zu schneller Zerlegung des Brennmaterials bietend, er schickt also brennbare Gase nach dem Schornstein. Diese Wirkung wird sichtbar, wenn man auf die Oberfläche des Brennmaterials eines derartigen Feuerheerdes nach dessen Rückseite zu ein Stück Holz legt, wenn derselbe in voller Gluth ist. Das Holz wird sehr schnell verzehrt sein, ohne jedoch Flammenbildung zu veranlassen, da die Atmosphäre unmittelbar über dem glimmenden Holze wirklich eine reducirende ist.

Auf meinem Heerde ist im Gegensatze hierzu die Wärme auf die unmittelbar hinter den vorderen Roststäben befindlichen Cokes beschränkt, die sich in Berührung mit den heizenden Gasflammen und mit der aus dem Zimmer nach dem Schornstein ziehenden Luft befinden, während der Cokes an der Rückseite des Heerdes verhältnissmässig kühl bleibt. Die kühle Rückseite des Feuers bedingt auch einen kühlen Schornstein und es ist die Beobachtung bemerkenswerth, dass bei der Anwendung meines Heerdes in meinem Bureau ein in den Schornstein gehaltenes Thermometer eine Temperatur von nur 130^{0} F. zeigte, während sich die Vorderseite des Rostes in hoher Weissgluth befand.

Dies sind Bedingungen, behaupte ich, die der Brennmaterialersparniss, verbunden mit vollkommener Abwesenheit von Rauch oder gesundheitsschädlichen Gasen ganz besonders günstig sind.

C. William Siemens.

12 Queen Anne's Gate, S. W., November 24.

Instructionen
für die Anwendung des Gas-Cokes-Heerdes.

Der Heerd soll reichlich mit Cokes, Anthracit oder rauchloser Kohle von Wales in Stücken von etwa Faustgrösse beschickt, oder eine Mischung dieser Materialien in verschiedenem Verhältniss benutzt werden.

Um das Feuer anzuzünden, dreht man das Gas ganz auf und entzündet es mit einem Streichholze. Im Verlauf einer halben Stunde kann das Gas bis zur Hälfte abgestellt werden und das Feuer ohne Aufsicht

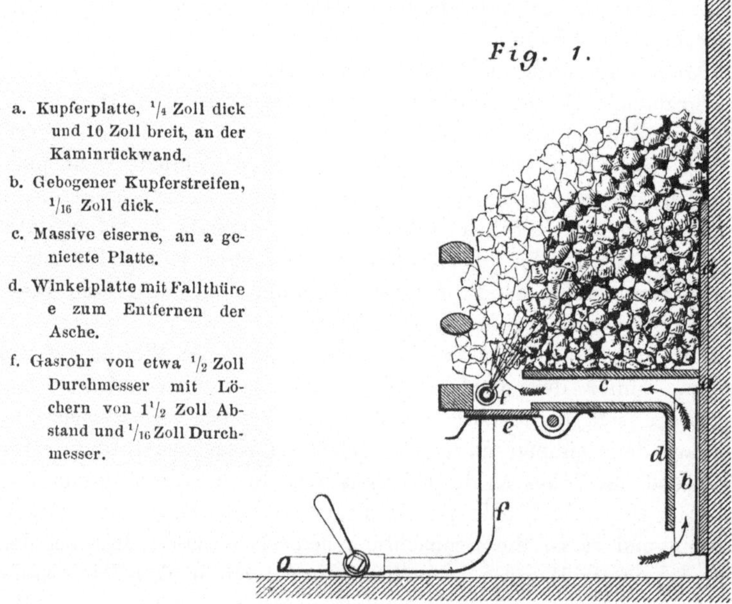

Gas-Cokes-Heerd von Dr. C. William Siemens. London.

bleiben, ausser wenn man beabsichstigt, dessen Aussehen zu verbessern, was eine leichte Reinigung vermittels eines kleinen Schüreisens (*poker*) nahe dem untersten Vorderroststabe nöthig und einen vermehrten Gaszufluss wünschenswerth macht. Im Verlauf von 5 bis 6 Stunden wird der Coke an der Vorderseite des Feuers bis zu einem gewissen Grade verbrannt sein und muss wieder nachgefüllt werden. Bei der Anordnung nach Fig. 1. kann die Fallthüre geöffnet werden, um die Asche aus der Luftpassage zu entfernen; bei der Anordnung wie Fig. 2 fällt die Asche von selbst in die Aschenpfanne unter dem Heerde.

Der Heerd sollte etwa jeden dritten Tag gründlich gereinigt werden, um Aschenansammlungen an der Rückwand zu vermeiden. Eine me-

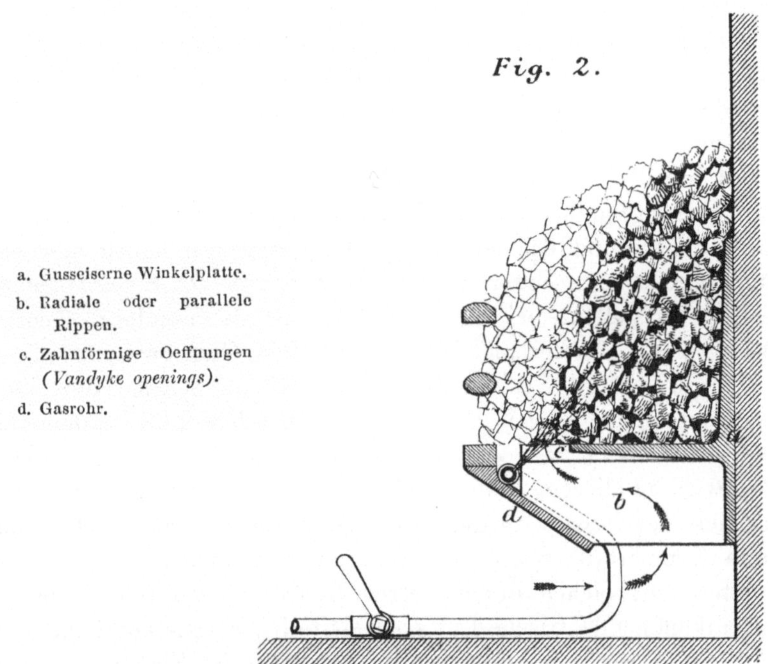

Gas-Cokes-Heerd von Dr. C. William Siemens. London.

tallene Bürste, oder ein gebogener Räumer (*pricker*), um die Gaseintrittsöffnungen zu reinigen, sollte immer für etwaigen Gebrauch zur Hand sein. Um das Anbrennen des Feuers zu beschleunigen, kann mit Vortheil ein Holzscheit benutzt werden, das man unmittelbar hinter die vorderen Roststäbe legt.

Offene Kaminfeuerungen mit gleicher combinirter Gasheizung sind noch von verschiedenen Firmen ausgestellt, meist aber ohne den grossen Vortheil zu haben mit erhitzter Verbrennungsluft zu functioniren; so stellen Strode & Co., London, einen solchen Kamin aus, bei dem das Gas durch einen beweglichen Roststab zugeführt wird. Ich habe keine Vorrichtung zum Erhitzen der Brennluft an dem Apparate bemerken können, dem damit natürlich eine sehr wesentliche Eigenschaft zur Vermeidung von Rauch aus dem verwandten festen Brennmateriale und zur Erzielung sparsamer Heizung mangelt.

Ich will an dieser Stelle erwähnen, dass verschiedene Firmen die Feuerungsmethode meines Bruders auf geschlossene Feuerungen für Zimmer- und Küchenheizung etc. übertragen haben und bezügliche Apparate unter *„Smokeless Fires on Dr. Siemens' principle“*, ausstellen, wie Francis Hammond, London; George Wright & Co., Rotherham; Waddelland Main, Glasgow und Andere.

Eine andere Art Gaskamine lassen die Wärme der Verbrennungsproducte von einem Strome frischer Luft aufnehmen und an diesen Luftstrom gebunden im Zimmer vertheilen. Das Gas wird in diesem Falle häufig hinter Glas verbrannt, um den Anblick des Feuers zu geniessen ohne ein zu grosses Quantum kalte Zimmerluft mit den Verbrennungsproducten zu mischen. Letztere entweichen durch eiserne Rohre, an deren Aussenseite die ankommende frische Luft vorbeistreift, . Wärme aufnimmt und im Zimmer vertheilt. Ein Kamin dieser Art ist Fletchers *Patent, Gas-Fire*.

Auch legt man die Flächen zum Anwärmen der frischen Luft in Form einer Anzahl Rohre, in besondere durchbrochene Gehäuse. Die Verbrennungsproducte werden bei dem Austritt aus dem Ofen getheilt; ein Theil passirt den erwähnten Erwärmungsapparat, der andere dient zur Unterhaltung des Schornsteinzuges, resp. der nöthigen Essentemperatur. In dieser Weise sind z. B. Kohlhofer's *Patent Hot Air Gas Stoves* ausgeführt. Eine grosse Anzahl Gaskamine sind mit Reflectoren versehen, die Wärme in das Zimmer reflectiren sollen; es sind die ältesten Gaskaminconstructionen und geben dieselben einen sehr geringen Heizeffect. Besonders mannigfaltig sind bei dieser Art Apparate

die reflectirenden Körper, im Materiale sowohl als in der Ausführung; man benutzt mit Vorliebe polirtes, wellenförmig ge-
bogenes Messingblech, ebenso finden sich aber auch Reflectoren
aus Porcellan, Steingut, Kacheln etc. etc. in den verschiedensten
Decorationen in flacher und erhabener Arbeit. Solche Apparate
sind ausgestellt von Charles Wilson; Leeds; Billing & Co.'s,
London „*Sun Dial*" Kamin und Andere.

Die Kamine, bei denen Materialien wie Asbest, Platingewebe, Bimstein etc. zum Zwecke der Wärmemagazinirung für
Ausstrahlung, Verwendung finden, sind zahlreich vertreten. Man
lässt die Flamme auf vorgelegte Stücke obiger Stoffe von entsprechender Form wirken; z. B. bei dem *Incandescent Perfect
Gas-Fire* von Leoni, London, der hierzu Asbestgewebe in Form

von einzelnen parallelen in einer Ebene liegenden Rispen anwendet. Pugh Brothers imitiren die Form der Kohlen in Asbest
u. s. w. Im Allgemeinen brauchen diese Feuer viel Gas und
geben ausserdem Veranlassung zur Entwickelung von schlechtem
Geruch, namentlich so lange das Wärme aufnehmende Material
kalt ist. Ferner, da verhältnissmässig nur schwacher Zug vor-

handen ist, kehrt dieser bei der geringsten Veranlassung um, und es kommen die schweren Verbrennungsproducte des Gases, wenn sie zu viel von ihrer Wärme abgeben leicht in das Zimmer.

Von den Vorrichtungen zur gleichzeitigen Erleuchtung, Heizung und Ventilation, will ich Carricks *Patent Gasalier Canopy* s. Skizze pag. 77 und 78 erwähnen, sowie G. E. Webster & Co.'s, Nottingham, *Patent System of Heating and Lighting*, s. Skizze pag. 79, William Sugg & Co.'s, London, *Ventilating Lights*,

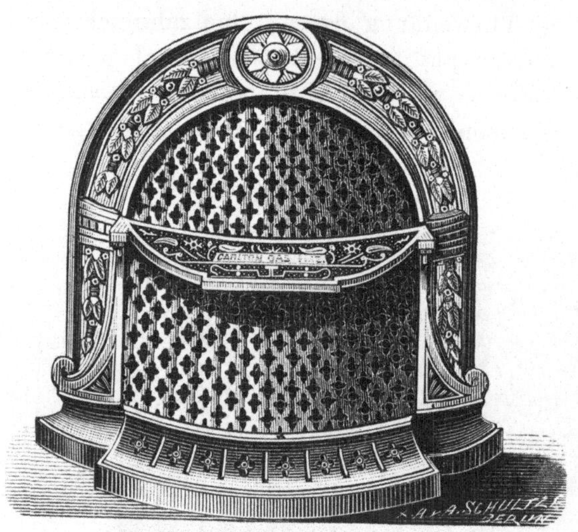

Charles Wilson. Leeds Gas-Kamin.

Deckel für obigen Kamin mit Stützen für ein Abführungsrohr,
wenn ohne Schornstein aufgestellt.

Strode & Co.'s „*Sun Burner*“ etc. Die Verbindung von Heizung mit Ventilation und ebenso der Beleuchtung mit Ventilation ist in verschiedenen dieser Apparate gut durchgeführt,

Der „Sun-Dial" Gas-Kamin.

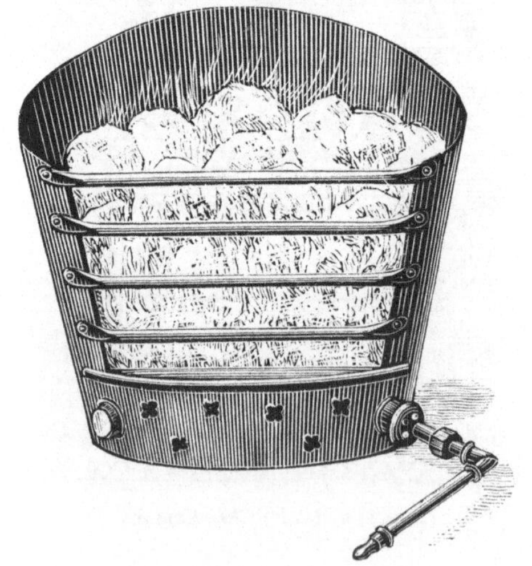

Der „Sun-Dial" Gas-Kamin.

Pugh Brothers'

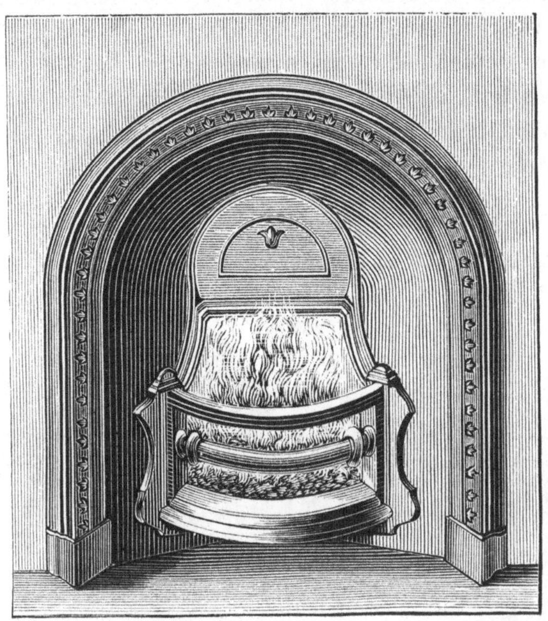

Gas - Kamin.

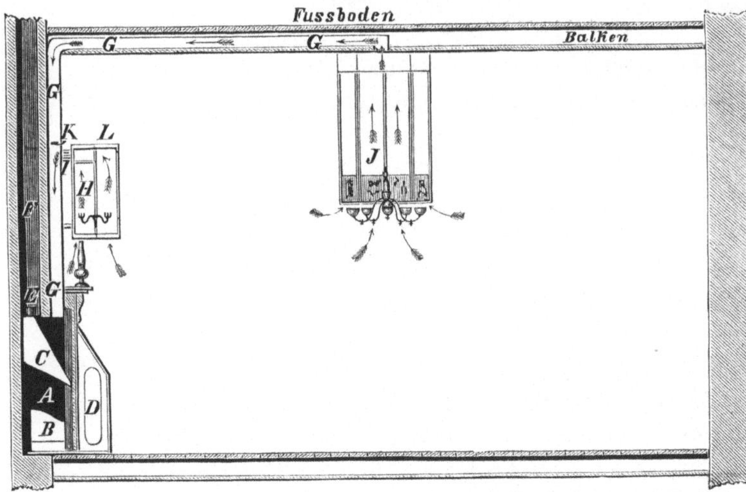

Querschnitt des Kaminofens und Gasschirmes. Carricks Patent.

A Ofeninneres.
B Rost.
C Canopy.
D Glasfüllung.
E Rauchrohr.
F Schornstein.
G Ventilationscanal.
H Mit dem Schornstein verbundener Schirm über dem Kamine.
I Klappe.
J Schirm der Gaskrone.
K Klappe.
L Wasserverdampfer.

während Constructionen, die Heizung und Beleuchtung in wirklich praktischer, brauchbarer Weise combiniren, nicht vorhanden sind, wenigstens nicht so vollkommen, um sie für unsere Verhältnisse empfehlenswerth erscheinen zu lassen. Ich habe mich gelegentlich der Entwickelung meiner Regenerativbrenner sehr eingehend mit der Combinirung von Heizung und Beleuchtung beschäftigt, und bin dabei zu der Ueberzeugung gekommen,

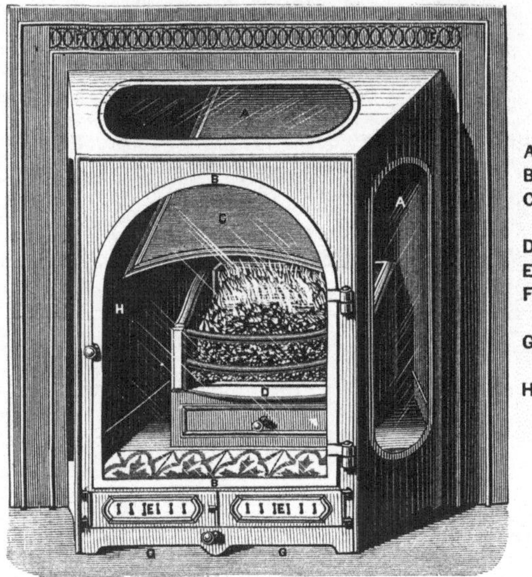

Kaminofen und Schirm für Gasarme etc. zur gleichzeitigen Heizung, Beleuchtung und Ventilation.

dass an derartige Apparate so verschiedene Anforderungen gestellt werden, wenn sie ihren Zweck in beider Beziehung erfüllen sollen, dass denselben in der Praxis nur schwer Genüge geleistet werden kann. Möglich ist es immerhin, dass später, wenn derartige Apparate mehr in Gebrauch sind, noch Verbesserungen geschaffen werden können.

In dieser Gruppe sind auch meine Regenerativ-Brenner von der Siemens' *Patent Gas-Light-Company*, London, zur Beleuchtung und Ventilation der verschiedenen Ausstellungsgebäude ausgestellt. Ich komme später nochmals auf dieselben zurück.

G. E. Webster & Co's Patent. Heiz- und Beleuchtungssystem Nottingham.

Von geschlossenen Oefen mit Leuchtgasheizung sind sehr viele verschiedene Constructionen von mehr oder weniger praktischem Werthe vertreten. Ich halte es für besser, eine Entwickelung der Gesichtspunkte für Construction von Gasöfen für Beheizung bewohnter Räume im Allgemeinen zu geben, als auf specielle Beschreibung der einzelnen Oefen einzugehen, die wesentlich nur in den Details der Ausführung von einander abweichen. Die folgende Uebersetzung einer kleinen Broschüre von Dr. Francis Bond, die mit meinen auf diesem Gebiete gewonnenen Ansichten mit nur unwesentlichen Abweichungen übereinstimmt, giebt ein richtiges klares Bild wie ein Gasofen für Zimmerbeheizung mit Rücksicht auf grösstmögliche Ausnutzung der Wärme, einfache, praktische Construction und Handhabung, sowie in sanitärer Beziehung einzurichten ist.

Wie ist Gas für eine sparsame und gesunde Heizung zu benutzen?

Mit Richtigstellung einiger allgemein verbreiteter falscher Ansichten
in dieser Frage und einigen Betrachtungen, über die richtige Construction
von Gas-Heizapparaten

von

Francis T. Bond. M. D., B. A. Lond. F. C. S.

*Präsident der Gloucester School of Science; Medical Officer of Health, Gloucestershire
Combined Sanitary District.*

Herausgegeben von der
Sanitary and Oeconomic Supply Association Limited, Gloucester.

Im grossen Publikum ist so viel Unkenntniss vorhanden über die
beste Art, Kohlengas als Heizmaterial zu benutzen, und es werden so
viele falsche Ansichten in dieser Beziehung verbreitet, dass mir eine
kurze Darlegung einiger mit diesem Gegenstande zusammenhängender
elementar wissenschaftlicher Thatsachen nicht unzeitgemäss erscheint,
um so mehr als jedenfalls die Anwendung von Gas in dieser Richtung
eben jetzt im Begriff steht bedeutend erweitert zu werden. Es kann
bei Denjenigen nur wenig Zweifel mehr vorhanden sein, welche in der
Lage sind die ausserordentlichen Fortschritte richtig zu beurtheilen, die
man in der elektrischen Beleuchtung namentlich in letzter Zeit
in Beziehung auf Magazinirung des elektrischen Stromes,
dessen Theilung und die Verbesserungen in den Details der
Glühlichter gemacht hat, dass die Tage des Kohlengases als Leucht-
mittel gezählt sind*). Die Gasgesellschaften werden daher gezwungen
sein, ihre Aufmerksamkeit auf die Erweiterung der Anwendung des
Gases für Heizzwecke zu richten, und zwar in viel höherem Grade
als sie es bisher für würdig erachteten. In dieser Beziehung giebt es
ein weites Feld für ihr energisches Vorgehen. Wenn es in ihrem

---

*) Diese Meinung theile ich nicht und verweise auf meine Bemerkungen
am Schlusse vorliegenden Berichtes.   Friedr. Siemens.

eigenen Interesse liegt, sich so schnell als möglich auf die ankommende Krisis entsprechend vorzubereiten, so ist es doch andrerseits auch wünschenswerth, dass das Publikum ermuthigt wird, Gas als Heizmittel zu benutzen, dadurch dass man etwas mehr Sachkenntniss über den besten einzuschlagenden Weg verbreitet, als gegenwärtig vorhanden und zeigt, wie es anzufangen ist, um hier, wie in allen anderen Sachen, die besten Resultate für sein Geld zu erhalten. Wenn die Gesellschaften ihrerseits den Gaspreis erniedrigen und der Consument andrerseits findet, dass er durch verständigen Gebrauch weit bessere Heizerfolge erzielen kann, als er von der Erfahrung Derjenigen erwarten konnte, die vor ihm den Versuch machten, werden beide Theile davon Vortheil haben, denn die vorerwähnte Nachfrage nach Gas für Heizzwecke wird den Gesellschaften den Verlust verschmerzen lassen, den sie erleiden müssen, wenn elektrisches Licht an Stelle des Gaslichtes allgemeine Anwendung findet. Es wird dann auch die Anwendbarkeit von Gas für einfache, reinliche und leistungsfähige Heizung mehr anerkannt werden, als dies gegenwärtig der Fall ist, namentlich wenn die Unkenntniss, welche bei vielen Gasconsumenten bezüglich des richtigen Gebrauches von Gas noch vorhanden ist, weggeschafft sein wird. Dazu beizutragen ist der Zweck der folgenden Zeilen.

Von Gas als Wärmequelle.

Die Wärme, welche von einer Gasflamme ausgegeben wird, ist von zweierlei Art; ein Theil derselben begleitet das von der Flamme ausgehende Licht und wird, wie dieses, augenblicklich nach allen Seiten ausgestrahlt. Diese leuchtende Wärme ist, wie man voraussetzen kann, direct proportional der Leuchtkraft der Flamme; sie durchdringt die Luft eines Zimmers ohne auf dieselbe merklich einzuwirken, und wird durch die Wände und anderen Flächen, auf welche sie trifft, absorbirt, und deren Temperatur dadurch gesteigert. Der andere Theil der von einer Gasflamme erzeugten Wärme ist an die Verbrennungsproducte in Form von erhitzten Gasen gebunden, welche von der Flamme in aufsteigender Richtung entweichen und die, wenn sie nicht durch ein besonders für diesen Zweck angelegtes Rohr oder einen Canal abgezogen werden, sich mehr oder weniger schnell mit der Luft des Raumes mischen, in welchem die Flamme brennt und die Temperatur der Zimmerluft dadurch erhöhen. Diese Erwärmung wird durch die Luftbewegung den Wänden und den im Zimmer befindlichen Gegenständen, mit denen sie in

Berührung kommt, mitgetheilt und auf diese Weise der Raum im Allgemeinen erwärmt. Es geht daraus hervor, dass sich die Erwärmung eines solchen Zimmers auf zweierlei Weisen vollzieht, von denen die eine sehr schnell, die andere langsamer vor sich geht. Im Falle die Verbrennungsproducte einer sichtbaren Gasflamme in die äussere Luft abgeführt werden, ist natürlich der grösste Theil der nicht leuchtenden Wärme verloren. Dies ist der Fall bei sogenannten Sonnenbrennern, von denen die Verbrennungsproducte direct aus dem Zimmer abgeführt werden, welches dadurch verhältnissmässig kühl bleibt. Es ist nun von besonderer Wichtigkeit, davon überzeugt zu sein, dass diese beiden Wärmearten das Resultat der Oxydation der verbrennbaren Bestandtheile des Gases durch den Sauerstoff der Luft sind, und dass nur eine bestimmte Wärmemenge durch Verbrennung eines bestimmten Gasquantums erzeugt werden kann. Dieses Resultat erreicht man, wenn das Gas vollkommen verbrannt wird. Die Producte einer solchen vollständigen Verbrennung sind in der Hauptsache zwei, nämlich Kohlensäure und Wasserdampf, beide unsichtbare und geruchlose, gasförmige Körper. Wird hingegen Gas unvollkommen verbrannt, so erhalten wir ausser diesen zwei Verbrennungsproducten gewisse andere, nämlich: festen, unverbrannten Kohlenstoff in Form von Rauch oder Russ, und einige gasförmige Stoffe, die einen sehr unangenehmen Geruch haben. Der Beweis für eine vollkommene Verbrennung von Gas und folglich auch einer allen Ansprüchen genügenden Gasflamme, wenn dieselbe für Heizzweke benutzt wird, ist, dass dieselbe weder Rauch noch Geruch entwickelt. Wenn eine gewöhnliche Leuchtflamme mit einer kalten Oberfläche in Berührung gebracht wird, wie mit der eines metallenen Gefässes, so entsteht augenblicklich Rauch und Geruch; es beweist dies, dass die Verbrennung eine unvollkommene geworden ist, also Wärmeverlust entsteht. Wird eine nicht leuchtende Flamme in ähnlicher Weise behandelt, so erhalten wir zwar keinen Rauch aber einen unangenehmen Geruch. In beiden Fällen wird diese Wirkung durch den kühlenden Einfluss der metallenen Oberfläche auf die Flamme hervorgebracht und dadurch die Intensität der Verbrennung vermindert. Brennt eine Gasflamme mit ungenügender Luftzuführung, wie es beim Bunsen-Brenner der Fall ist, wenn er „zurückbrennt", wie man zu sagen pflegt, und das Gas an der Ausströmungsöffnung entzündet, so entsteht eine ähnliche Wirkung d. h. eine Verminderung der Intensität der Verbrennung.

Von den Verschiedenheiten der Gasflamme und ihrer Anwendung für Heizzwecke.

Praktisch kommen nur zwei Arten von Gasflammen in Frage, nämlich die „leuchtende" und die „nicht leuchtende" oder wie letztere auch genannt wird, die „*aerated*" oder „*Bunsenised*" Flamme. Die Bunsenflamme wird erzeugt, indem man das Gas, ehe es zur Verbrennung kommt, mit einer gewissen Luftmenge sich mischen lässt. Es vollzieht sich dann die Verbrennung nicht, wie es bei einer guten Leuchtflamme der Fall ist, hauptsächlich in der äusseren Flammenschicht, sondern durch den ganzen Flammenkörper und vermindert die Leuchtkraft der Flamme derartig, dass, wenn die Luftzuführung ihr höchstes Mass erreicht hat, was gleichbedeutend mit der Möglichkeit des Fortbestehens der Flamme ist, deren Lichtwirkung fast vollständig verschwindet und sie nur noch einen röthlichblauen Schein zeigt. Was ist nun der Nutzen einer derartigen Luftzuführung und der dadurch verminderten Leuchtkraft einer Gasflamme? Die Antwort, welche gewöhnlich auf diese Frage gegeben wird, ist, dass in gleichem Masse, wie wir dadurch die Leuchtkraft der Flamme vermindern, wir deren Heizkraft erhöhen. Diese Antwort erhält eine trügerische Unterstützung durch die Thatsache, dass merkliche Wärmezunahme erfahrungsgemäss eintritt, wenn wir unsere Hand oder besser einen Thermometer über eine Leuchtflamme halten und diese dann in eine Bunsenflamme durch vorherige Mischung von Luft mit Gas umwandeln; dies kann bequem durch Oeffnen und Schliessen der Luft-Einströmung an der Basis eines gewöhnlichen Bunsenbrenners erreicht werden. Der Trugschluss aus diesem Versuche liegt in der Thatsache, dass wir die Zunahme der nicht leuchtenden Hitze beobachten, die mit den Verbrennungsproducten weggeführt wird, das Fehlen der leuchtenden Wärme aber nicht in Betracht ziehen, welche nach allen Seiten von der Leuchtflamme ausgegeben wurde, und deshalb weniger leicht merkbar ist; diese verschwindet natürlich, wenn das Leuchten unmöglich gemacht wird. Es ist Thatsache, dass der Gesammtbetrag der von jeder dieser beiden Flammenformen ausgegebenen Wärme für alle praktischen Zwecke derselbe ist, nur verschieden vertheilt wird. Die Leuchtflamme giebt die Wärme, wie früher gezeigt wurde, auf zweierlei, die nicht leuchtende nur auf eine Art ab.

Was also, um die Frage in andere Form zu bringen, gewinnen wir bei Benutzung einer nicht leuchtenden Bunsenflamme? Einfach, dass wenn dieselbe ohne Berührung mit kühleren Körpern gebrannt wird, sie gegenüber einer Leuchtflamme weniger geneigt ist, zu rauchen und dadurch Wärme zu verschwenden: 1. bei Einfluss kalten Luftzuges auf sie und 2. dass, wenn sie zum directen Heizen metallener Flächen benutzt wird, sie keinen Russ auf denselben absetzt. Beide Resultate vom chemischen Standpunkte aus betrachtet, haben ihren Grund in dem Umstande, dass der Kohlenstoff des Gases in der Bunsenflamme sofort zu unsichtbaren gasförmigen Producten verbrannt wird, während er in der Leuchtflamme Zwischenstadien durchlaufen muss, bevor er in die äussere Flammenschicht gelangt, wo er sich sehr leicht schon bei nur geringer Temperaturerniedrigung in Form von Russ ausscheidet. Aus dem Vorhergehenden folgt, dass der Vortheil welchen eine Bunsenflamme über eine leuchtende hat, nicht in einer grösseren Wärmeabgabe der ersteren liegt, sondern nur in der Bequemlichkeit die sie bietet, leicht die Bildung von Russ, Geruch und die Verschwendung von Gas zu vermeiden. Diese Thatsache ist von ausserordentlicher Wichtigkeit für die Beurtheilung des Werthes aller Apparate, in denen eine Gasflamme als Wärmequelle benutzt wird und in der Schätzung des wahren Werths der Ansprüche, die in dieser Beziehung gemacht werden. Es ist hier passend ein Wort über die sogenannten *„Solid flame burners"* zu sagen. Dass eine solide Flamme ein wörtlicher Widerspruch ist, braucht wohl kaum bemerkt zu werden, da alle Flammen ausschliesslich gasförmig sind. Was von denjenigen, welche einen so unwissenschaftlichen Ausdruck gebrauchen, bezeichnet werden soll, ist wahrscheinlich eine Flammenmasse im Gegensatze zu einem oder mehreren gesonderten Gasströmen. Wenn dem so ist, so hat der erreichte Effect keinen besonderen Anspruch auf Verdienst in wissenschaftlicher Beziehung, da er lediglich ausdrückt, dass eine gegebene Gasmenge in einer grossen Flamme verbrannt wird, anstatt in einer Reihe oder in einem Ringe von kleineren. Es wird hierbei nicht mehr Wärme erzeugt, vorausgesetzt, dass die Flammen in jedem einzelnen Falle frei von Rauch sind. Der einzige Grund, weshalb ein solcher Brenner Anspruch auf Beachtung machen kann, sofern es seine Heizkraft betrifft, ist der, dass es damit möglich wird, eine grössere Gasmenge in genügend mit Luft gemischter Weise zu verbrennen, als dies in einem anderen Brenner der Fall wäre, der für gleichen Preis zu haben ist. Er mag andere gute Eigenschaften haben, diese haben aber mit seinem Werthe als blosse Wärmequelle nichts zu thun.

Ueber die Verwendung von Gas zur Zimmerheizung.

Es liegt auf der Hand, dass wenn ein Zimmer mit Gas geheizt werden soll, ohne die Verbrennungsproducte abzuführen, es keinen einfacheren, wirksameren und billigeren Weg geben würde dies zu erreichen, als das Gas in einer Weise zu verbrennen, bei der seine Leuchtkraft nur unwesentlich vermindert ist, nämlich in einem oder mehreren der Ansicht offenen Brennern, ähnlich wie sie bei Gas gewöhnlich für Leuchtzwecke Verwendung finden. Wird dies gethan, so erhält man die gesammte Wärme, welche das Gas überhaupt produciren kann, und jeder Versuch mehr erreichen zu wollen, ist zweckloses Bemühen. Man sieht z. B. häufig Gasbrenner mit verschiedenen metallenen Arrangements versehen z. B. in Form von Röhren etc.; oder es ist ein Behälter mit Wasser, welches durch das Gas theilweise erwärmt wird, angebracht oder es brennen die Flammen unter Porcellandeckeln etc. Verkäufer dieser Apparate werden oft genug die Käufer dadurch täuschen, dass sie dieselben glauben machen, irgend etwas sei durch eine solche Anordnung zu gewinnen, während doch Letztere lediglich das Vergnügen haben, ihr Geld für eine vollständig nutzlose und unwissenschaftliche Einrichtung auszugeben. Es kann denjenigen, welche derartige Ankäufe beabsichtigen, nicht klar genug auseinandergesetzt werden, dass sie nichts weiter thun, als ihr Geld verschwenden. Eine rauchlose Flamme, sei es eine Gas-, Benzin- oder was sonst für eine, giebt die besten Resultate, die überhaupt erhalten werden können, wenn man der von ihr abgegebenen Wärme gestattet, sich direct von der Flamme mit so wenig Hinderniss als möglich in dem Raume zu vertheilen, wo sie brennt.

Warum, könnte man fragen, sieht man denn nicht ganz und gar von der Verwendung von Gasöfen ab und vertraut sich für Heizzwecke unseren gewöhnlichen Leuchtflammen an? Die Antwort auf diese Frage ist eine vierfache:

1. Weil die Gasmenge, welche zur genügenden Erwärmung eines Zimmers bei kaltem Wetter erforderlich ist, in der Regel bei Weitem mehr beträgt, als einem Brenner zugeführt wird, der dazu bestimmt ist, das fragliche Zimmer zu erleuchten; es ist daher nothwendig irgend eine besondere Vorrichtung zu haben, um die gewöhnlichen Gasbrenner eintretenden Falles unterstützen zu können.

2. Bedürfen wir öfter der Heizkraft des Gases ohne dessen Leuchtkraft zu wünschen, wie z. B. in einem Schlafzimmer bei Nacht.

3. Sind die Gasleuchter gewöhnlich nicht in der für Heizzwecke passendsten Lage angebracht, da sie zu hoch hängen.

4. Zuletzt ist es am allerwichtigsten, dass die Resultate der Gasbeleuchtung in gewöhnlichen Zimmern mit unvollkommener und öfter ganz fehlender Ventilation vom sanitären Standpunkte aus schon schlecht genug sind; man sollte daher durch Verbrennung einer grösseren Gasmenge für Heizzwecke in Beleuchtungsapparaten den gesundheitsschädlichen Einfluss nicht noch vermehren.

Das Zimmer, in welchem auch nur eine einzige Flamme für Leuchtzwecke brennt, sollte einen besonderen Einlass für frische Luft haben und zwar dem Brenner so nahe als möglich derart, dass die Hitze der Flamme dazu verwendet wird, die eintretende frische Luft zu erwärmen; ausserdem sollte ein besonderer Abzug für die schlechte verbrauchte Luft vorhanden sein. Wo diese Einrichtungen getroffen und deren wirksame Thätigkeit gesichert werden kann, ist Gas für Leucht- und Heizzwecke anwendbar ohne nöthig zu haben, die Verbrennungsproducte durch eine besondere Vorrichtung wegzuschaffen. Man wird in diesem Falle vor dem schädlichen Einflusse der Gas-Verbrennungsproducte, der in directem Verhältnisse zu der Wirksamkeit der Ventilation steht, sicher sein. Aber selbst unter den günstigsten Verhältnissen ist eine derartige Einrichtung selten vollkommen, vom sanitären Standpunkte aus betrachtet, und sollte nur geduldet werden, wenn gar nichts anderes anzubringen ist. Wo immer es möglich ist, die Verbrennungsproducte direct abzuführen, sollte dies geschehen. Es bringt uns dies naturgemäss zur Betrachtung der Gasöfen.

Gasöfen.

Ein guter Gasofen ist ein Apparat zur Verbrennung von Gas für Heizzwecke „ohne dessen Verbrennungsproducte in den Raum entweichen zu lassen, wo er Anwendung findet“. Diese letztere Eigenschaft unterscheidet ihn von den verschiedenen Gasbrennerformen, die zwar für Heizzwecke construirt sind, aber diese Eigenthümlichkeit nicht besitzen. Es existiren ausserdem noch einige Gasöfen, welche derart mit den Verbrennungsproducten zu verfahren beanspruchen, dass gar kein besonderer Abzugscanal für letztere nothwendig sei. Diese Oefen sollen eine derart vollkommene Condensation der Verbrennungsproducte bewirken, dass überhaupt Nichts zum Entweichen übrig bleibt. Um diesen Anspruch auf seinen wahren Werth zurückzuführen, ist es nöthig sich des früher Gesagten zu erinnern, nämlich dass die Verbrennungsproducte des Gases in der Hauptsache aus Wasserdampf und Kohlensäure mit mehr oder weniger Spuren von schwefliger Säure bestehen, je nach Reinheit des Gases, und ein oder zwei anderen gasförmigen Bestandtheilen, die aber für alle praktischen Zwecke unwesentlich sind. Soweit es den Wasserdampf betrifft, so ist dessen directes Entweichen in die Luft vollständig unschädlich; er kann sogar bis zu gewissem Grade condensirt werden. In der That ist das Mass, bis zu welchem Wasserdampf in einem Gasofen condensirt wird, das beste praktische Mittel, um die sparsame Wirkung des betreffenden Ofens zu beurtheilen, weil die Condensation von Wasserdampf gleichbedeutend mit einem Freiwerden von Wärme und deren Wiedergewinnung für Heizzwecke ist, während diese Wärme andernfalls mit den Verbrennungsproducten durch den Abzugscanal weggeführt werden würde. Ausserdem vollzieht sich mit der Condensation des Wasserdampfes auch die der schwefligen Säure. Obgleich schweflige Säure nicht oft in solcher Menge in den Verbrennungsproducten des Gases enthalten ist, dass sie der Gesundheit nachtheilig wird, so greift sie doch Gemälde, vergoldete Gegenstände, Bücher u. s. w. an und ist den Pflanzen, selbst wenn in nur minimalen Mengen vorhanden, ausserordentlich schädlich.

Aus diesem Grunde ist die Verwendung von Gasbrennern gewöhnlicher Form zum Heizen von Gewächshäusern ohne Gefahr nicht möglich, und es bietet daher ein dieses Product wirklich condensirender Gasofen gewisse Vortheile für diese specielle Anwendung. Kein Ofen aber, der Aussicht hat im englischen Haushalte Verwendung zu finden, kann das ungesundeste der Verbrennungsproducte condensiren, nämlich die Kohlensäure, und zwar aus dem einfachen Grunde, weil dieselbe wenigstens nicht durch Mittel, die man ausserhalb eines chemischen Laboratoriums zur Verfügung hat, condensirt werden kann. Der einzig richtige Weg, um die Anforderungen der Gesundheit zu erfüllen, ist die Kohlensäure vollständig aus dem Zimmer zu entfernen. Die Vortheile, welche Condensationsöfen (*condensing stoves*) ohne Schornstein für bewohnte Zimmer bieten sollen, beruhen auf Täuschung, da diese Oefen nichts condensiren, was der Gesundheit nachtheilig ist.

Von den charakteristischen Eigenschaften eines wirksamen Gasofens.

Wenn wir uns hier auf Apparate, die zu dem Zwecke und mit der Absicht aufgestellt sind, vermittelst eines Schornsteines die Verbrennungsproducte abzuführen, beschränken, so giebt es zwei Mittel, um deren relative Wirksamkeit genügend sicher zu prüfen und zu vergleichen. Das erste bezieht sich auf Bestimmung des Verhältnisses der Quantität Wärme, die in dem Ofen für die Zimmerheizung zurückbehalten wird, verglichen mit der Wärmemenge, welche nach dem Schornstein entweicht. Der zweite Versuch würde zu berücksichtigen haben, inwieweit diese Oefen zweifellos geeignet sind, den gewöhnlichen Verhältnissen zu entsprechen, unter denen ein Gasofen wahrscheinlicher Weise aufgestellt wird. Die Antwort auf die erste dieser Fragen giebt ein einfacher Versuch, welcher darin besteht, in der Zeiteinheit ein gegebenes Gasquantum im Ofen zu verbrennen, z. B. 10—20 Cubikfuss pro Stunde, und wenn der Ofen den Beharrungszustand erreicht hat, die Temperatur der Verbrennungsproducte bei ihrem Austritt aus dem Ofen zu bestimmen; z. B. wenn von zwei Oefen, von denen jeder 20 Cubikfuss Gas pro Stunde verbraucht, die Temperatur der Verbrennungsproducte beim Austritt in dem einen Falle 200° F. und im anderen 400° F. beträgt, ist es zweifellos, dass der letztere Ofen nur halb so sparsam als der erste functionirt, da er dem doppelten Wärmequantum ohne Wirkung zu entweichen gestattet. Es liegt daher in der Fähigkeit des Gasofens die Wärme der Verbrennungsproducte zurückzuhalten, dessen eigentlicher Werth, denn es ist dies gleichbedeutend mit Steigerung des Heizeffectes, gegenüber Wärmeverschwendung.

Gasöfen gewöhnlicher Construction sind unglaublich verschwenderische Apparate in dieser Beziehung; sie sind vielleicht für billigen Preis anzuschaffen, aber sehr theuer zu gebrauchen und kosten in einigen Monaten mehr an Gas, das sie nutzlos verbrennen, als wenn man sie zwei oder drei Mal neu anschaffen würde.

Die Wärme, welche ein guter Ofen von den Verbrennungsproducten aufnimmt, muss natürlich von ihm in das Zimmer abgegeben werden, in dem er steht. Es kann dieselbe nicht zerstreut werden oder verloren gehen, sondern wird verwerthet; dies würde auf zweierlei Weise zu erreichen sein.

Erstens indem man die Verbrennungsproducte in möglichst innigen Contact mit einer thunlichst ausgedehnten Plattenoberfläche von hoher Wärmeabsorptionsfähigkeit bringt, und zweitens, indem man auf die andere Seite dieser so geheizten Platte einen Luftstrom wirken lässt, um die Wärme so schnell als möglich wieder abzunehmen und durch das ganze Zimmer zu vertheilen. Dieser letzteren Bedingung wird in sehr zufriedenstellender Weise entsprochen, wenn man die frische Luft von ausserhalb durch den Ofen selbst in das Zimmer einführt. Wenn obige Bedingungen erfüllt werden, ist es möglich einen Gasofen von so hoher absorbirender Eigenschaft zu construiren, dass ein an den Luftaustritt des Ofens gehaltener Thermometer kaum höhere Temperatur, als wenn im Zimmer selbst angebracht, zeigt.

So vorzüglich ein solcher Ofen in der Theorie scheint, functionirt er leider in der Praxis nicht zufriedenstellend. Es muss ein gewisses Wärmequantum durch den Schornstein abgeführt werden, um einen constanten Zug durch den Ofen zu sichern, selbst wenn keine besonderen Widerstände im Schornsteine zu überwinden sind, die durch Druck, kalte Luft oder Wind verursacht werden können. Wo letzterer sehr stark auftritt, wie es gelegentlich selbst unter den günstigsten Verhältnissen vorkommen kann, muss ein öconomisch arbeitender, auf obigen Principien construirter Gasofen eine Regulirungsvorrichtung haben, die es gestattet, mehr oder weniger Wärme in den Schornstein entweichen zu lassen, je nach Grösse der Widerstände, die zu überwinden sind. Ohne ein solches Arrangement würde ein Ofen, seien die Resultate desselben bei Prüfung auf angegebene Weise auch noch so öconomisch, doch ein praktischer Misserfolg sein, da derselbe geneigt ist, öfter die Richtung der Verbrennungsproducte zu wechseln, dieselben in das Zimmer zurückzudrängen und möglicher Weise die Heizflamme auszulöschen. Es muss demnach ein öconomischer Gasofen, wenn er sich den wechselnden Verhältnissen unseres Klimas anpassen soll, derart construirt werden, dass es möglich ist, die Verbrennungsproducte mit hoher oder niederer Temperatur, je nach Bedarf, entweichen zu lassen. In dem Verhältniss, wie dies mit Erfolg erreicht wird, kann der Ofen als ein tadelloser Apparat in öconomischer Beziehung bezeichnet werden. Es sollte von Denjenigen, welche Gasöfen benutzen, immer im Auge behalten werden, dass selbst der beste Apparat dieser Art unter gewissen Umständen aufhören kann zufriedenstellend zu functioniren und zwar weil der Zug durch einen Gasofen, im Verhältniss zu dem durch ein Kohlenfeuer, nur ein sehr schwacher ist; ein Gasofen wird daher ebenso zur Zugumkehr geneigt sein, wie ein Feuer mit schwachem Zuge zum Rauchen. Diese Schwierigkeit kann oft durch vernünftige Behandlung wesentlich gemildert werden, aber sie gehört zu denjenigen, zu welchen jeder Gasofen dessen Abzugsesse direct in die freie Luft führt, dann und wann geneigt ist.

———

Ueber Gasöfen in gesundheitlicher Beziehung.

Es bleiben noch zwei andere Fragen in Erwägung zu ziehen, ehe selbst ein gutconstruirter Gasofen als ein zufriedenstellender Apparat bezeichnet werden kann.

Die erste Frage lautet:

„Wie wirkt er auf die Gesundheit?“

Von vielen Personen wird gegen die Gasöfen im Allgemeinen der Vorwurf erhoben, dass dieselben gesundheitsnachtheilig seien; einige sagen, „sie riechen“, andere sagen, „sie verursachen Kopfschmerz“ (*oppressive*), von anderen wird behauptet, dass sie ebenso wie die Kohlenöfen die Zimmerluft verbrennen (*burn*) oder austrocknen (*dry*). Es ist daher nöthig zu untersuchen, welche Begründung diese Behauptungen haben.

Ein richtig construirter Gasofen soll, wie oben gezeigt wurde, derart angeordnet sein, dass er die Verbrennungsproducte aus dem Zimmer entfernt und gleichzeitig einen Strom frischer warmer Luft in dasselbe bringt. Wenn ein Gasofen richtig construirt ist, sodass die Einführung frischer Luft und die Abführung der Verbrennungsproducte richtig erreicht wird, ist es zweifellos, dass wenn er dennoch irgend welchen schädlichen Einfluss auf die Luft des Zimmers hat dafür eine Ursache vorhanden sein muss. Eine solche kann schlechte Ausführung des Ofens sein, die einem Theile des zur Verbrennnng zugeführten Gases oder der abziehenden Verbrennungsproducte gestattet, in das Zimmer zu entweichen; es kann aber auch von einem gewissen Einfluss herrühren, welchen das heisse Ofenmaterial auf die Atmosphäre des Zimmers ausübt. Es ist kein Zweifel darüber vorhanden, dass ein guter Theil des schlechten Geruches, wörtlich und bildlich gesprochen, der sowohl mit den Gasöfen als anderen Gasapparaten in Verbindung gebracht wird, seinen Grund in der fehlerhaften Ausführung und darin hat, dass ein geringes Gasquantum aus dem Zuführungsrohr ausströmen kann, ehe es den Brenner erreicht. Eine solche, durch gewöhnliche Versuche nicht entdeckbare Gasausströmung wird öfter, besonders in schlecht ventilirten Zimmern, eine Luft bilden, die leicht für aus den Schleusen herrührend (*drainage eminations*) gehalten wird und die Ursache ist, dass das Publikum sich öfters bei den Gasgesellschaften über die schlechte Reinigung des Gases (*foulness of the Gas*) beklagt. Der Fehler liegt aber weit öfter in ihren eigenen Gasleitungen und an der unvollkommenen Ventilation ihrer Zimmer.

Die Producte der vollkommenen Verbrennung von Gas haben, wie vorher klar gelegt wurde, keinen bemerkbaren Geruch; es muss daher jeder von einem Gasbrenner herrührende Geruch seinen Grund entweder in einem Entweichen von Gas oder in unvollkommener Verbrennung haben.

Es giebt allerdings noch eine mögliche Quelle von Ausdünstung und zwar liegt diese im Materiale, aus welchem der Ofen construirt ist. Um von einem Gasofen die thunlichst besten Resultate in öconomischer Beziehung zu erhalten, muss er aus Metall hergestellt sein, da Metalloberflächen die Wärme am schnellsten aufnehmen und abgeben. Es sind gerade diese von Metall construirten Gasöfen, gegen welche man sich gewöhnlich ausspricht.

Viele Personen setzen nämlich voraus, dass die schlechten Leistungen, welche sie den Gasöfen zuschreiben, vermieden werden könnten, wenn man statt der metallnen Oberflächen, emaillirte, aus Porcellan oder Steingut hergestellte anwenden würde. Eine solche Voraussetzung beruht auf Irrthum, denn soweit sie den Durchgang der Verbrennungsproducte selbst durch das dünnste in einem Ofen benutzte Metallblech betrifft, ist nicht der geringste Beweis dafür vorhanden, dass dies bei der Temperatur und dem Drucke unter welchem Gas in gewöhnlichen Oefen verbrannt wird, möglich sei. Mat hat allerdings Ursache zu glauben, dass Kohlenoxydgas und einige andere Gasarten in kleinen Quantitäten Eisen und andere Metalle durchdringen, wenn dieselben hoch erhitzt werden, wie dies bei Kohlen- oder Cokesöfen vorkommen kann. Bei Gasöfen wird aber eine so hohe Temperatur überhaupt nicht erreicht.

Ferner bleiben die metallnen Oberflächen eines solchen Ofens für eine fast unbegrenzte Zeit unverändert, und es ist nicht die geringste Wahrscheinlichkeit dafür vorhanden, dass dieselben bei der Temperatur, welcher sie ausgesetzt werden, direct auf die Zimmerluft einwirken oder durch einen Bestandtheil der Atmosphäre direct angegriffen werden könnten.

Es giebt allerdings eine Möglichkeit, durch welche die Oberfläche eines Gasofens, ebenso wie die jedes anderen, Ausdünstungen erzeugen kann; und zwar wenn Staubtheilchen, die mit ihr in Berührung kommen, verkohlen. Dies will man mit dem Ausdrucke „die Luft verbrennen" (*burning the air*) wirklich bezeichnen.

Das Verkohlen von Staubtheilchen ist meist die Ursache der schwülen und drückenden Atmosphäre, deren Einfluss man so oft in Zimmern empfindet, welche durch Warmwasserheizung oder geschlossene Oefen erwärmt werden, seien die Heizapparate hergestellt aus welchem

Material sie immer wollen. Dieser Geruch ist nur zu vermeiden durch sorgfältigste Reinhaltung der erwärmten Oberflächen von Staub, durch Vermeidung von Ueberhitzung der Apparate und durch eine wirksame Ventilation. Um letztere zu erhalten, ist es wesentlich, dass die Luft, die zur Verbrennung im Gasofen erforderlich ist, wie bei einem Kohlenofen dem Zimmer entnommen wird, in welchem er sich befindet und man dieselbe nicht von ausserhalb des Zimmers zuführt. Letztere Anordnung, die in einigen Gasöfen verwendet wird, ist vollkommen falsch, da sie die Bildung derjenigen Luftcirculation im Zimmer verhindert, welche sonst ein entsprechend construirter Ofen befördert.

Die Beschuldigung, dass die Gasöfen gleich den andern die Luft trocknen, ist unzweifelhaft wahr, wenn durch diese Behauptung bezeichnet werden soll, dass die in einem Zimmer durch einen Gasofen erwärmte Luft relativ trockner ist, als diejenige, welche ihm kalt von aussen zugeführt wird. Diese Eigenschaft hat aber die Luft jedes Zimmers, welches durch eine Hitzequelle erwärmt wird, die nicht gleichzeitig mit erwärmter Luft Wasserdampf producirt. Ob dies eine Unbequemlichkeit verursacht oder nicht, kann nur durch die persönliche Erfahrung des Einzelnen entschieden werden.

Einige Personen, namentlich solche die an Luftröhrenkatarrh leiden, bevorzugen eine warme und feuchte Atmosphäre; in diesem Falle kann dieselbe von jedem Ofen leicht dadurch erhalten werden, dass man auf denselben ein Gefäss mit Wasser setzt, und so der Luft direct Wasserdampf zuführt. Andere wieder finden eine solche Atmosphäre sehr drückend, aus dem einfachen physiologischen Grunde, weil dieselbe der Abgabe von Wasserdampf durch Haut und Lunge, entgegenwirkt. Immerhin ist dies eine Sache, die jeder Einzelne selbst zu entscheiden hat, mit dem Bewusstsein, dass er sich durch die einfachsten Mittel eine Atmosphäre von der brennenden Trockenheit der Sahara bis zum lauen Dampfbade Yukatans ganz nach Belieben schaffen kann. Es muss ihm genügen, versichert zu sein, dass der für diesen Zweck von ihm benutzte Ofen, gleichgiltig ob mit Cokes, Kohle oder Gas geheizt, keinesfalls die Luft verbrennt, wenigstens nicht in dem Sinne, in welchem dieser Ausdruck allgemein gebraucht wird. Besitzt er einen gut construirten und aufgestellten Gasofen, so ist er nicht nur frei von jedem Bedenken bezüglich Unbehagens oder Gesundheitsgefahr, sondern er gewinnt positiv durch die gesunde Ventilation, welche der Ofen unterstützt.

Ueber die vergleichsweise Billigkeit von Gas und Kohle für Heizzwecke.

Die zweite Frage, auf die vorhin Bezug genommen wurde ist, die:

> „Wie hoch belaufen sich die Kosten von Gas als Heizmittel, verglichen mit anderen Heizmaterialien und speciell mit Kohle?"

Bei einem Vergleiche zwischen Gas und Kohle, zu jetzigen Preisen und beide unter den günstigsten Umständen verbrannt, kann darüber kein Zweifel sein, dass Gas ein wesentlich theureres Material ist. Der genaue Unterschied zwischen beiden in dieser Beziehung hängt von so vielen verschiedenen Bedingungen ab, sowohl in Bezug auf Art der Anwendung, als Preis am Orte, dass es schwierig ist, ein zuverlässiges Verhältniss anzugeben. Soviel kann aber als allgemein richtig hingestellt werden, dass die sparsamste Ausnutzung des Gases ausser im offenen Brenner, nur im entsprechend construirten Gasofen möglich ist.

In einem solchen Ofen sind die Kosten für Gas als Heizmaterial nicht viel grösser als die für Kohle in einem gewöhnlichen offenen Kamine, allerdings aber bedeutend höher als für Kohle oder Cokes in einem gut construirten geschlossenen Ofen.

Gegenüber diesen Mehrkosten hat man zu berücksichtigen, dass an Arbeit gespart wird; dass der durch Anwendung von Kohle verursachte Staub nicht vorhanden ist, und dass die Leichtigkeit, mit welcher die Heizung angefangen, regulirt, unterhalten und abgesperrt werden kann, eine bedeutend grössere ist. Obgleich diese Vortheile Ersatz für den freundlichen Anblick eines offenen Kohlenfeuers in Wohn- und anderen Zimmern, wo das Sichtbarsein von Comfort eine Gefühlssache ist, die Berücksichtigung verlangt, nicht bieten können, erscheinen immerhin Gasöfen ganz besonders geeignet für Schlafzimmer, Büreau's, Vorsäle und andere Orte, wo constante Wärme verlangt wird, ohne besondere Bedienung und Aufsicht nöthig zu machen.

Es giebt noch eine andere Methode, um Gas für Heizzwecke nutzbar zu machen, welche nicht selten mit der Absicht angewendet wird, das freundliche (*cheerful*) Aussehen des offenen Kamins, auf welches der Engländer ganz besonders Gewicht legt, zu erhalten. Dies ist der sogenannte Gaskamin (*Gas-Fire*), bei welchem einzelne Gasflammen benutzt werden, um Asbeststücke oder Platindrahtgewebe auf einem Heerde zu erhitzen. Man erreicht damit gewiss etwas Aehnliches, wie ein Kohlenfeuer, aber leider keinen erfolgreichen Ersatz, denn vom öconomischen Gesichtspunkte aus, ist diese Art Gas zu benutzen eine ganz aussergewöhnliche, da der grössere Theil der erzeugten Wärme durch den Schornstein verloren geht. Eine bei weitem sparsamere Einrichtung ist es, statt Asbest oder Platindrahtgewebe, Cokes zu benutzen, wie es Dr. William Siemens vorgeschlagen hat. Hierbei wird nicht nur die Heizkraft des Gases durch die des Cokes unterstützt, sondern es kann auch der Gasverbrauch ganz wesentlich gemindert werden, sobald sich der Cokes in glühendem Zustande befindet. Wenn diese Einrichtung in einem Heizapparate mit offenem Heerde angewendet wird, der für sparsamen Verbrauch von Brennmaterial und entsprechende Wärmevertheilung construirt ist, so lässt sie in Bezug auf Billigkeit und Comfort, wenig zu wünschen übrig, obgleich man ihr natürlich den Vorwurf machen kann, dass Cokes Staub macht und Bedienung erfordert, wenn auch nicht in dem Masse wie Kohle. In dieser Sache muss der Consument selbst die relativen Vortheile jeder Verwendungsart des Gases, sowie den Verbrauch gegenüber Cokes und Kohle abwägen; dabei sollte er stets im Auge behalten, dass, wenn er überhaupt Gas anwendet, er es in einer Weise thun muss, welche die erreichbar besten Resultate sichert. Dabei wäre nur ein kleines Opfer betreffs des Aussehens zu bringen, jedoch auf nichts anderes Verzicht zu leisten.

Man kann Gas auch auf eine andere Weise mit viel Vortheil in grösserer Ausdehnung, als es bisher geschehen ist, benutzen, und zwar als Unterstützung des gewöhnlichen, Kohlenfeuers. Jeder offene Heerd, bei dem es möglich ist, Gas zuzuführen, sollte eine einfache Vorrichtung haben, die es gestattet, Gas in Form einer Reihe von Einzelflammen jeden Moment anstecken zu können und den Boden des Kohlenfeuers von diesen bestreichen zu lassen. Eine solche Anordnung hat verschiedene Vorzüge. In erster Linie giebt es ein immer fertiges Mittel an die Hand, das Feuer im Falle es verlöscht ist, ohne Holz und mit nur geringen Kosten zu entzünden. Man hat nur nothwendig das Feuer mit kleineren Kohlenstücken zu arrangiren, das Gas aufzudrehen und anzubrennen und kann auf diese Weise ein Dutzend Feuer für weniger als einen Penny bequem anzünden. Zweitens gestattet das Arrangement, das Feuer rasch wieder zu beleben, wenn es fast ausgelöscht ist oder es zu verstärken, wenn dies für irgend einen speciellen Zweck nothwendig werden sollte. Die Einrichtung ist ganz besonders zweckmässig, wo Feuer früh oder Abends nur für einige Stunden erforderlich sind und wo es wünschenswerth ist, an Bedienung derselben zu sparen.

Ueber Wassererwärmung vermittelst Gas.

Die schnelle Beschaffung von heissem Wasser in grossen Quantitäten für häusliche Zwecke, besonders für Bäder, ist ein wichtiges Bedürfniss, und die Bequemlichkeit, welche Gas für diesen Zweck bietet, ist eine derartige, dass einige Worte über diesen Gegenstand nicht ungeeignet erscheinen.

Dadurch Wasser zu erwärmen, dass man einen Gasbrenner auf die untere Fläche des das Wasser enthaltenden Gefässes wirken lässt, ist eine sehr verschwenderische Weise, den beabsichtigten Zweck zu erreichen.

Es liegt dies theils in der Flüchtigkeit der heissen Flammengase die einen beträchtlichen Theil derselben entweichen lässt, ohne dass diese überhaupt in Berührung mit der zu heizenden Fläche kommen, theils in der geringen Leitungsfähigkeit der Gase, welche verhindert, dass derjenige Theil, der wirklich in Berührung mit dem Gefäss kommt, seine Wärme leicht abgiebt. Ferner noch von der Längsamkeit, mit welcher sich Wärme durch die in einem Gefässe enthaltene Wassermasse vertheilt.

Diese Hindernisse werden nicht selten noch vergrössert durch die geringe Wärmeleitungsfähigkeit des Gefässmaterials selbst.

Im Falle die zu erhitzende Wassermenge klein ist und einige Pints nicht übersteigt, ist der Verlust an Zeit und Wärme, den man erleidet, um das Wasser auf eine mittlere Temperatur zu bringen, wie es für verschiedene häusliche Zwecke verlangt wird, so unbedeutend, dass er übersehen werden kann. Wo aber das Wasser nach Gallons statt nach Pints gemessen wird, wie z. B. für ein Bad, ist der Verlust, der entsteht, wenn man es auf obige Weise wärmt, ebenso wie der Uebelstand, der durch das Entweichen einer so grossen Menge von heissen Gasen in das Zimmer, verursacht wird, derartig, dass es sehr wünschenswerth erscheint auf wissenschaftlicherem Wege zum Ziele zu kommen. Die Bedingungen, welche erfüllt werden müssen, um diesen Zweck zu erreichen, sind folgende:

1. Die Theilung des Wassers bis zur grösstmöglichen praktisch erreichbaren Grenze derart, dass die heissen Verbrennungsproducte in möglichst innige Berührung mit jedem einzelnen Theile desselben gebracht werden, entweder direct oder durch Vermittelung eines gutleitenden Materiales.
2. Die Anwendung der Flamme in einem frühen Stadium des Heizprocesses zur Verwandlung einer gewissen Wassermenge

in Dampf derart, dass letzterer gleichzeitig mit den Verbrennungsproducten in unmittelbare Berührung mit dem zu heizenden Wasser gebracht wird. Man nützt auf diese Weise die bedeutende Fähigkeit, dem Wasser Wärme mitzutheilen, aus, die der Wasserdampf selbst besitzt, gegenüber den permanenten Gasen (*fixed gases*), welche einen so grossen Theil der Gasverbrennungsproducte ausmachen.

Es giebt mehrere Kunstgriffe vermittelst welcher diese beiden Bedingungen sehr wirksam erfüllt werden. Der Erfolg muss zum Theil durch die thatsächlichen Heizeffecte, die man durch Verbrennung einer bestimmten Gasmenge erreicht, zum Theil durch die Einfachheit des Apparates und dessen Construction, die ein leicht eintretendes schlechtes Functioniren ausschliesst, theils auch durch den Preis zu welchem der Apparat in den Handel gebracht werden kann, bestimmt werden.

Die befriedigendsten Resultate werden erhalten, wenn das zu erhitzende Wasser in möglichst dünnen Schichten genöthigt wird, ein Gefäss zu durchfliessen, in welchem die erhitzten Verbrennungsproducte, durch Dampf in ihrer Wirkung verstärkt, wie oben angedeutet, in reichlichen und unmittelbaren Contact mit dem Wasser gebracht werden. Vermittelst eines guten Apparates dieser Art wird es möglich, einen so grossen Theil der von der Flamme ausgegebenen Hitze nutzbar zu machen, dass die Verbrennungsproducte am oberen Theile des Gefässes mit einer Temperatur entweichen, die kaum höher ist, als die der umgebenden Luft. Das entweichende Product ist in diesem Falle nur Kohlensäure, welche durch einen besonderen Canal aus dem Zimmer entfernt werden sollte, wenn nicht Thüren und Fenster desselben während des Heizprocesses offen bleiben und dadurch eine freie Luftcirculation vermitteln. Mit einem entsprechend construirten rauchlosen Brenner ist das aus dem Apparat fliessende heisse Wasser frei von jedem unangenehmen Geruch und vollständig zum Baden, Waschen, ja selbst für Küchenzwecke geeignet, da Kohlensäure unmöglich von heissem Wasser unter gewöhnlichem Drucke absorbirt werden kann, und die anderen Verbrennungsproducte in so minimalen Mengen vorhanden sind, dass sie übersehen werden können.

Beschreibung der Zeichnung eines Gasofens nach Dr. Bonds Patent.

Der Ofen besteht aus einem Cylinder A von dünnem zusammengerollten Eisenblech, in welchem ein metallener Conus B angebracht ist, dessen oberer und breiter Rand luftdicht mit dem oberen Theile

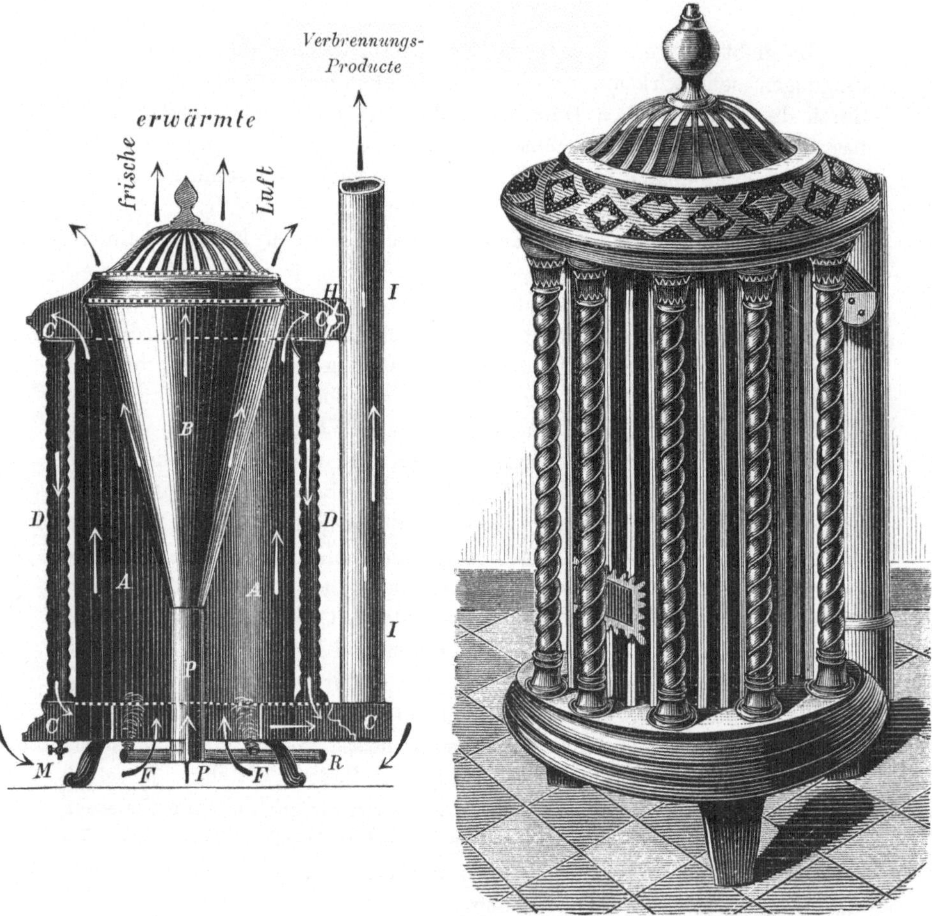

Dr. Bonds Gasofen.

des Ofens verbunden ist, während seine untere und schmale Oeffnung P mit der äusseren Luft communicirt.

Rund um den Cylinder ist eine Reihe Rohre $D\,D$ in Form von

Säulen angeordnet, deren obere Enden durch eine ringförmige Kammer C mit dem Raume zwischen Cylinder und Conus in Verbindung stehen und deren untere Enden in einen ähnlichen Raum münden, der die Basis des Cylinders umschliesst. Von dieser Kammer geht ein Abzugscanal aus, der durch ein Verbindungsrohr nahe dem Kopfende des Ofens mit dem oberen ringförmigen Raume communicirt. In diesem oberen Verbindungsrohre befindet sich eine Drosselklappe H, vermittelst welcher man den Durchgang dort absperren kann. Der Abzugscanal kann direct ins Freie geführt werden, besser aber in einen unbenutzten Schornstein, der, um Rückströmung in das Zimmer zu vermeiden, am unteren Ende geschlossen ist. Am Fusse der unteren ringförmigen Kammer ist ein Gasbrenner F angeordnet, der eine Mischung von Luft und Gas, welche ihm durch das mit einer Gasleitung in Verbindung stehende Rohr R zugeführt wird, verbrennt.

Den Heizeffect eines derartigen Apparates zeigen die hier folgenden Temperatur-Angaben. Dieselben sind mit einem Thermometer gemessen, welches an den Austritt der warmen Luft aus dem oberen Ende des Conus B, resp. an die obere Verbindung des Abzugscanales mit der ringförmigen Kammer C, also unmittelbar hinter die Drosselklappe H gehalten wurde. Es betrug:

Die Temperatur der heissen, dem Conus entströmenden Luft:
$$150^{\circ} \text{ F.} = 66^{\circ} \text{ C.} = 53^{\circ} \text{ R.}$$

Die Temperatur der Verbrennungsproducte im Abzugscanale bei offener Drosselklappe:
$$300^{\circ} \text{ F.} = 149^{\circ} \text{ C.} = 119^{\circ} \text{ R.}$$

bei geschlossener Drosselklappe:
$$100^{\circ} \text{ F.} = 38^{\circ} \text{ C.} = 30^{\circ} \text{ R.}$$

Wirkungsweise des Bond'schen Ofens.

Wenn der Gasbrenner entzündet ist, steigen die erhitzte Luft und die Verbrennungsproducte aufwärts durch die Oeffnung am Fusse des Cylinders und gelangen so in die obere ringförmige Kammer C, wo, wenn der Weg durch das obere Verbindungsrohr offen ist, dieselben direct in den Abzugscanal entweichen; ist hingegen die Drosselklappe H geschlossen, so sind die Verbrennungsproducte und die heisse Luft gezwungen, durch die Reihe von Rohren D abwärts in die untere ringförmige Kammer zu strömen, um von dort erst nach dem Schornsteine zu gelangen.

Der mit der Drosselklappe H versehene Canal ist angeordnet, um gelegentlichen Verhältnissen zu entsprechen, unter welchen der Ofen aufgestellt sein kann, nämlich da, wo der Widerstand gegen den Abzug der Verbrennungsproducte zeitweise wesentlich vergrössert wird, z. B. durch Winddruck auf die Ausmündung des Abzugscanales oder durch das Gewicht der kalten Luftsäule in demselben, falls der Ofen an einem kalten Tage zum ersten Male angezündet wird. In einem solchen Falle würde der vom Ofen abziehende Strom unfähig sein, seinen Weg in's Freie zu erzwingen, da er zu kalt ist. Seine treibende Kraft wird vermehrt durch Oeffnung der Drosselklappe H, indem man so einen Theil der heissen Verbrennungsproducte direct aus dem Cylinder nach dem Schornsteine schickt.

Dr. Bonds Apparat zur sofortigen Beschaffung von heissem Wasser.

(Nach der englischen Patentschrift.)

Der Zweck dieses Apparates ist die Erhitzung von Wasser für häuslichen oder anderen Gebrauch, derart, dass es in einem continuirlichen Strome mit dem geringsten praktisch erreichbaren Wärmeverlust entweder auf seinen Kochpunkt oder auf irgend welche unter diesem liegende Temperatur gebracht wird.

Der Apparat besteht aus zwei getrennten Theilen, nämlich einem Gefässe zur Aufnahme des zu erhitzenden Wassers und einem Gasbrenner als Wärmequelle. Das erstere ist aus einem hohlen Cylinder von Eisenblech, Kupfer oder anderem geeigneten Metalle oder auch von Steingut oder Porcellan hergestellt, dessen Durchmesser der zu erhitzenden Wassermenge proportional ist, und dessen Höhe etwa die doppelte Länge des Durchmessers beträgt.

Das eine Ende dieses Cylinders, welches als das Kopfende bezeichnet werden soll, ist mit einem Deckel ähnlich dem einer gewöhnlichen Bratpfanne versehen, nur dass ersterer eine Oeffnung in der Mitte hat. Innerhalb des anderen Endes des Cylinders, welches den Boden aufnehmen würde, im Falle das Gefäss aufrecht steht, ist ein hohler metallener trichterförmiger Conus angebracht, dessen Höhe etwa ein Viertel der ganzen Cylinderhöhe beträgt und zwar derart, dass der breitere Rand dieses mit der Bodenkante des äusseren Cylinders wasserdicht verbunden ist. In dem oberen, schmaleren Rande dieses Trichters ist eine Anzahl eckiger oder runder Einschnitte angebracht, um dieser Kante eine sägenblattartige Beschaffenheit zu geben. Das in dieser Weise construirte Gefäss wird bis zur Höhe der Unterkante der erwähnten Einschnitte Wasser halten. Zum Zwecke des Ausflusses ist in der Wand des Gefässes etwas unter der Wasser-

linie desselben (wenn es ganz gefüllt ist), ein Loch von entsprechender Grösse angebracht und mit einem Ausflussrohre versehen.
Unmittelbar unter diesem Auslaufe ist ein zweites schwächeres
Rohr angebracht, lang genug um es durch den Ausfluss und in
den conischen Wasserbehälter bringen zu können, derart, dass
es nahezu den Boden desselben erreicht. Der ausserhalb des
Gefässes befindliche Theil des zweiten Rohres ist länger als der
innere, sodass ein Heber gebildet wird, der das Wasserreservoir
selbstthätig fast ausleert, sobald die Flüssigkeit die Krümmung
des Hebers übersteigt. Steigt das Wasser schneller als es der
Heber herausschaffen kann, so fliesst es durch das angebrachte
gusseiserne Rohr aus.

Dann wird ein flaches cylindrisches metallnes Gefäss construirt, dessen Höhe etwa ein Sechstel derjenigen des grossen
Cylinders beträgt und dessen Durchmesser um den 10. Theil des
Cylinderdurchmessers kleiner ist; in dem seitlichen Rande dieses
flachen Gefässes ist eine Anzahl eckiger oder halbrunder Einschnitte angebracht, wie am oberen Rande des vorher beschriebenen Conus. In der Mitte des Bodens dieses flachen Gefässes
befindet sich eine kreisrunde Oeffnung von etwa dem dritten
Theile des ganzen Gefässdurchmessers; an dem Rande dieser
Oeffnung ist ein metallnes Rohr befestigt, welches sich innerhalb der Schale erhebt und dessen Höhe derart bemessen ist,
dass es etwa einen Zoll über die Unterkante der in den Seiten
des Gefässes vorhandenen Einschnitte reicht. Wenn das so construirte Gefäss in den grösseren Cylinder derartig centrisch eingesetzt wird, dass sein Boden auf dem gezackten, oberen Rande
des trichterförmigen Conus ruht und es strömt Wasser in dasselbe, so wird letzteres so lange in dem Gefässe steigen, bis es
die Unterkante der Einschnitte erreicht, über welche es dann
an den Seiten des eingesetzten Gefässes in einzelnen Strömen
fliesst und in den unteren conischen Sammelbehälter gelangt.

Dann wird ein zweites flaches cylindrisches metallnes Gefäss von derselben Tiefe als das soeben beschriebene hergestellt,
aber von einem etwas kleineren Durchmesser. Aus dem oberen
Rande der Seitenwand dieses Gefässes ist eine Anzahl eckiger
oder halbrunder Stücke geschnitten. In einer im Boden vorge-
sehenen Oeffnung ist ein kleines Metallröhrchen wasserdicht ein-

gesetzt, dessen Höhe derart bemessen ist, dass alle in dem Gefässe enthaltene Flüssigkeit so lange durch das Röhrchen ablaufen muss, als sie den ausgezackten Rand nicht überfliesst; der Durchmesser des Röhrchens ist derart gewählt, dass im Vergleich mit der Flüssigkeitsmenge, welche den Rand überfliesst, nur eine geringe Quantität dasselbe passiren kann. Das Röhrchen ist ausserdem so angebracht, dass die dasselbe durchströmende Flüssigkeit in das nächst niedere Gefäss gelangt. Wird dieser soeben beschriebene zweite Einsatz in das äussere grosse Gefäss derart eingebracht, dass er mit seinem Boden concentrisch auf dem erst beschriebenen Gefässe ruht und es fliesst Wasser hinein, so wird dasselbe, wenn es die Mündung des eingesetzten Röhrchens erreicht, durch dieses in das nächst niedere Gefäss abfliessen. Strömt mehr Wasser zu, als das Röhrchen fortschaffen kann, so wird das Wasser bis zur Unterkante der Ausschnitte im Gefässrande steigen und diese überfliessend in das untere Gefäss gelangen.

Nun wird noch ein drittes flaches cylindrisches Gefäss von etwa derselben Höhe als die beschriebenen angebracht, aber von derartigem Durchmesser, dass es dicht an den grossen Cylinder anschliesst, wenn es eingesetzt wird, und zwar mit so wenig Raum für den Durchgang von heisser Luft als möglich. In der Mitte dieses dritten Einsatzes ist ein kreisrunder Ausschnitt angebracht, in welchem wasserdicht ein metallner Cylinder eingesetzt ist, dessen Höhe etwas mehr beträgt, als die der Einsatzwandung, in ähnlicher Weise, wie es bei dem ersten der beiden Einsätze der Fall war. Der obere Rand dieses centralen Rohres erhält wiederum die mehrfach beschriebenen zackenförmigen Ausschnitte. Wenn dies so beschaffene Gefäss derart in den grossen Cylinder eingebracht wird, dass sein Boden concentrisch auf dem ausgezackten Seitenrande des unteren Gefässes ruht, und es strömt Wasser ein, so wird dieses über die Unterkante der Einschnitte im centralen Rohre steigen und in einzelnen Strömen an der Wand desselben abwärts fliessend in das untere Gefäss gelangen, von wo aus sein Lauf bereits beschrieben wurde. Der Zweck der in den Rand dieser beschriebenen 3 Einsatz-Gefässe angebrachten Einschnitte ist ein doppelter; einmal soll die Wassermenge, welche dieselben überfliesst, dadurch so viel als möglich in einzelne Ströme zertheilt werden, andrerseits sollen die Verbrennungsproducte des unter dem ganzen Apparate angebrachten Brenners durch diese Einschnitte die Reihe der eingesetzten Gefässe aufwärts passiren und auf diesem Wege Wärme an letztere selbst und an die einzelnen Wasserstrahlen, welche abwärts fliessen, abgeben. Letzterer Zweck wird wesentlich durch die Anbringung einer Reihe von kleinen Oeffnungen auf gleichem oder etwas niedrigerem Niveau mit der Unterkante der zackenförmigen in den einzelnen Gefässen angebrachten Ausschnitte unterstützt.

Um die Bezugnahme auf die drei soeben beschriebenen eingesetzten Gefässe zu vereinfachen, soll das unterste derselben mit A, das nächsthöhere mit B und das oberste mit C bezeichnet werden. Ein viertes flaches Gefäss, das ich mit D bezeichnen will, wird nun genau wie B hergestellt, nur ohne das in den Boden des Gefässes B eingesetzte Röhrchen und concentrisch auf C in gleicher Weise wie B auf A gesetzt; ebenso ein fünftes Gefäss genau beschaffen wie C auf das Vorhergehende gestellt, und endlich noch ein sechstes Gefäss wie D eingesetzt. Diese Reihe von abwechselnden flachen cylindrischen Einsatzgefässen kann beliebig vergrössert werden; es hat sich aber herausgestellt, dass für alle praktischen Zwecke 6 derartige Einsätze genügen und eine Vergrösserung der Anzahl der Einsätze weitere Vortheile nicht bietet. Wenn nun in den grossen Cylinder diese niedrigeren Einsätze, einer auf dem anderen, wie vorher beschrieben, concentrisch eingebracht sind, und Wasser durch die dazu bestimmte Oeffnung am Kopfende des Apparates einströmt, so gelangt dies zunächst in die oberste Schale, von da in die nächstniedrigere und so weiter abwärts in einer Reihe einzelner Ströme, deren Anzahl direct und deren Einzelvolumen indirect proportional der für den Durchgang des Wassers angebrachten Anzahl von Einschnitten oder Oeffnungen ist. Von dem untersten dieser Einsatzgefässe fliesst das Wasser in den conischen Sammler, der einen Theil des grossen, äusseren Cylinders bildet, und von dort durch den Heber und das Ausflussrohr an die Gebrauchsstelle.

Um diesen Apparat zu heizen, kann als Wärmequelle irgend eine passende Lampe oder ein entsprechender Brenner benützt werden, dessen Verbrennungsproducte ohne bemerkbaren Rauch und Russ entweichen. Die heissen Verbrennungsproducte einer solchen Wärmequelle werden zunächst den conischen Wasserbehälter und die centrale Oeffnung des Einsatzgefässes *A* passiren, wo sie auf den Boden des Gefässes *B* einwirken; ebenso werden sie durch die Ausschnitte im oberen Rande des Conus längs der

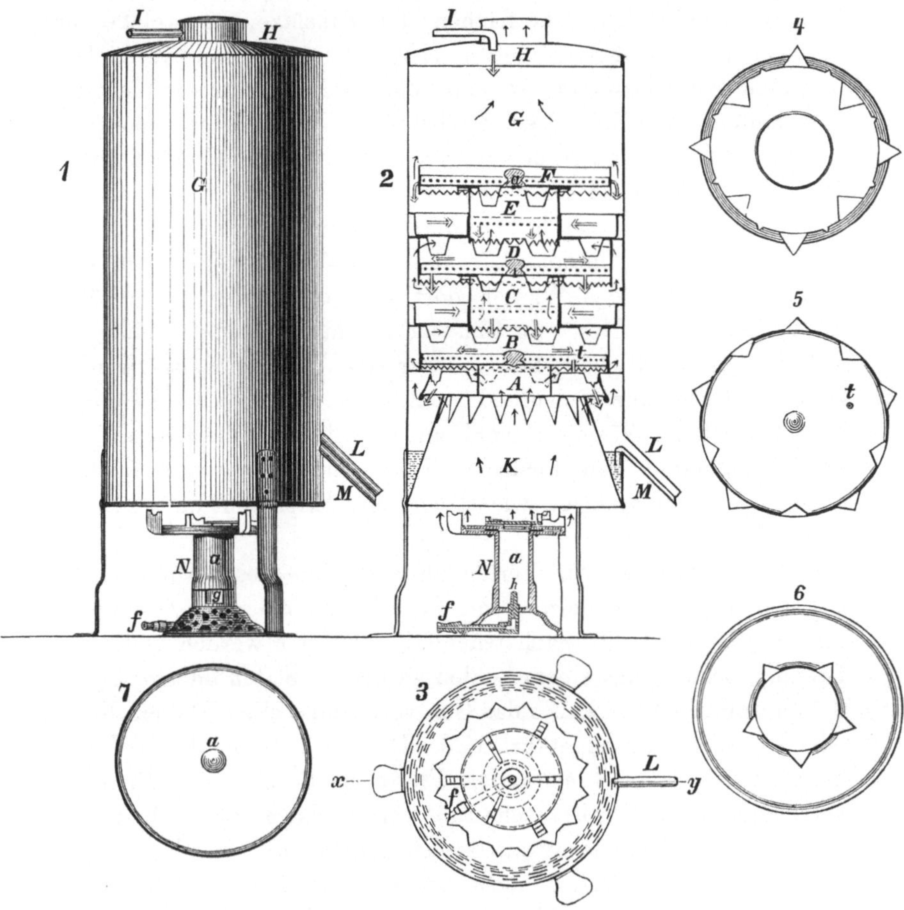

äusseren Seite des Einsatzes *A*, sowie zwischen dieser und der Wandung des äusseren Cylinders hinströmen. Diese zwei getheilten Ströme heisser Verbrennungsproducte vereinigen sich an der äusseren Seite des Einsatzes *B* wieder, steigen längs dieser auf und gelangen so unter den Einsatz *C*, von hier durch die centrale Oeffnung von C unter den Boden des nächst höheren Gefässes und so aufwärts fort, neben, um, über und durch die verschiedenen Einsätze, je nach der Anzahl derselben. Die erhitzten aufwärts strömenden Verbrennungsproducte kommen auf ihrem Wege mehr oder weniger in Berührung mit den ausgedehnten metallischen Oberflächen der Einsätze, an welche sie einen Theil ihrer Hitze abgeben, ebenso auch mit den zahlreichen einzelnen Wasserströmen, welche von einem Einsatze in den andern laufen. Auf diese Weise wird das Wasser sehr schnell erhitzt. Die Schnelligkeit der Wirkung wird noch vermehrt durch den vom Einsatze A ausgehenden Dampf; in A wird nämlich die Flüssigkeit sehr rasch bis zum Kochpunkte erhitzt, weil dieser Einsatz einmal unmittelbar über der Wärmequelle liegt, und anderntheils weil das Wasser dort in nur kleinen Quantitäten zu- und abfliesst. Der vom Einsatze A entweichende Dampf vermehrt die Schnelligkeit, mit welcher das Wasser erhitzt werden kann, deshalb ganz bedeutend, weil leicht condensirbare Dämpfe ihre gebundene Wärme sowohl an metallische Oberflächen, als an Flüssigkeiten von niedriger Temperatur bedeutend leichter abgeben, als dies Gase, wie Sauerstoff, Stickstoff und Kohlensäure thun.

Wo Kohlengas zur Verfügung steht ist dieses vorzuziehen, um den Apparat zu heizen und wird hierzu eine Brennereinrichtung angewendet, die nachstehend beschrieben werden soll. Der Brenner besteht aus einem hohlen an beiden Seiten offenen Cylinder, an dessen Unterkante das Gas vermittelst einer kleinen Rohr- oder Düsenöffnung zugeführt wird. Der obere Rand dieses Cylinders ist mit einer kreisrunden Platte nach Art einer Flansche versehen. Auf dieser Flansche ruht vermittelst 3 oder mehr Unterstützungspunkten eine zweite kreisförmige Platte gleichen Durchmessers und zwar derart, dass sich die zwei Platten parallel und concentrisch in einem Abstande von etwa $\frac{1}{16}$ Zoll von einander befinden. In der Mitte dieser zweiten Platte ist eine kreisrunde Oeffnung angebracht, deren Durchmesser etwa $\frac{1}{6}$ des ganzen Plattendurchmessers beträgt; auf die obere Fläche dieser Platte stützt sich eine dritte, deren Durchmesser aber nur $\frac{2}{3}$ der unter ihr befindlichen Platte beträgt und zwar so, dass der Abstand der untern Fläche der letzteren von der Oberfläche der vorher-

gehenden Platte kleiner ist, als der Abstand der zweiten Platte
von der Flansche. Eine vierte kreisrunde Platte von noch
kleinerem Durchmesser als die dritte kann auf dieser letzteren
in noch etwas geringerem Abstande angebracht werden, als der

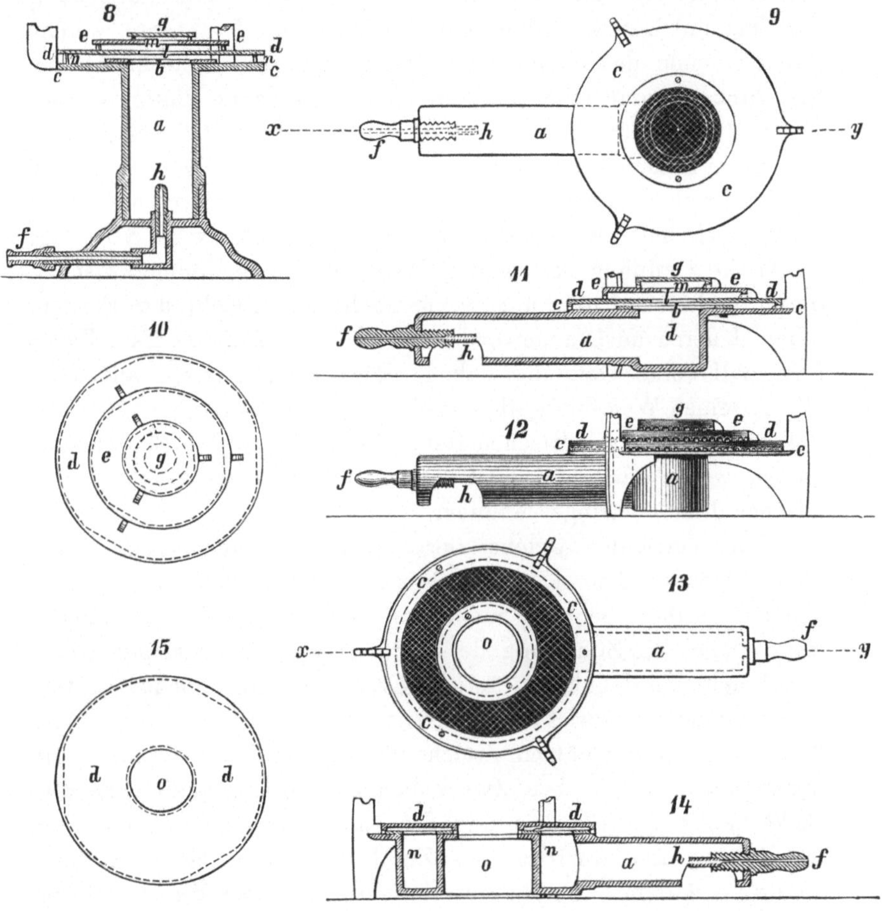

zwischen der zweiten und dritten Platte beträgt. Ueber der
oberen Oeffnung des verticalen Cylinders dieses Brenners und
unter der Oeffnung in der zweiten Platte ist ein Stück Metall-
drahtgaze befestigt, deren Maschen fein genug sind, um ein
Durchbrennen der Flamme nicht zu gestatten; die für die Con-

struction von Sicherheitslampen für Bergleute angewandte Gaze eignet sich besonders gut für diesen Zweck.

Wenn ein so construirter Brenner mit einem Gasrohre verbunden wird, gelangt das Gas durch die Düse oder das Zuführungsrohr in den Boden des verticalen Cylinders und wird dort mit Luft gemischt, die ebenfalls an seinem Boden eintritt. Diese Mischung von Gas und Luft wird dann aufwärts durch die Drahtgaze, welche das Kopfende des Cylinders bedeckt, nach der Unterfläche der kreisrunden unmittelbar über der Flansche (erste Platte) befindlichen Platte strömen. Hier wird sie entweichen, theilweise durch den Raum zwischen dem Umfange der Flansche und dem der Platte und theilweise durch die centrale Oeffnung in letzterer nach dem Raum zwischen zweiter und dritter Platte gelangen. Von hier durch die Oeffnung der zweiten Platte nach dem Raume zwischen dieser und der dritten u. s. w. je nach der Anzahl der Platten. Wieviel deren auch angewendet seien, so darf die oberste Platte keinesfalls eine Oeffnung haben. Das Gas, welches auf diese Weise seinen Weg durch die einzelnen Platten findet, wird schliesslich durch den cylindrischen Raum am Umfange der Platten austreten, wo es entzündet werden kann, und in einer Reihe concentrischer Flammenringe brennen.

Die Vortheile, welche dieser Brenner beanspruchen kann, sind folgende: Die Einfachheit seiner Construction, da jeder Theil desselben bequem zugänglich ist; ferner die Leichtigkeit mit welcher die Zuführung der mit dem Gas zu mischenden Luft angebracht werden kann, um die Erzeugung einer nicht leuchtenden Flamme zu bewirken und ferner die Drahtgaze vor schneller Zerstörung zu beschützen, welche bei gewöhnlichen Brennern, in denen Gaze für gleichen Zweck benutzt wird, (nämlich das Zurückbrennen der Flamme und das Entzünden des ungemischten Leuchtgases am Austritte des Zuführungsrohres zu verhindern) häufig vorkommt. Es brennt dort die Flamme direct auf der Oberfläche der Gaze und oxydirt dieselbe.

Die vorstehenden Zeichnungen stellen in Fig. 1, 2 bis 7 Ansichten und Schnitte des beschriebenen Apparates dar und zwar:

Fig. 1. Ansicht des Wassergefässes mit untergesetztem Brenner.

Fig. 2. Querschnitt des Wassergefässes nach $X-Y$.

Fig. 3. Grundriss des grossen Cylinders und des Brenners mit weggenommenem Deckel und Einsätzen.

Die Buchstaben haben in allen Figuren dieselbe Bedeutung; es bezeichnet:

G den äusseren Cylinder mit am Boden befindlichem conischen Einsatze K. Am Kopfende dieses Cylinders befindet sich der entfernbare Deckel H, durch diesen geht das Wasserzuführungsrohr I. Das cylindrische Gefäss kann, wie es in der Zeichnung angedeutet ist, auf 3 Beinen stehen oder auch an der Wand aufgehangen sein. A, B, C, D, E und F sind 6 in vorher beschriebener Weise construirte metallne Einsätze, die von dem ausgezackten Rande des Conus K unterstützt werden. Fig. 4 zeigt den Grundriss von A, Fig. 5 den von B, in welchem die Stellung des kleinen Röhrchens t sichtbar ist; C und E, die von gleicher Construction sind, zeigt Fig. 6 im Grundriss; D und F, ebenfalls gleicher Construction, sind in Fig. 7 im Grundriss dargestellt; a bedeutet einen angebrachten Handgriff, M bezeichnet den Heber und L das Ausflussrohr. Die einfachen Pfeile zeigen den Weg der Verbrennungsproducte, die doppelten den des Wassers. Die Construction des Brenners ist in verschiedener Ausführung in den Fig. 8—15 detaillirt dargestellt.

Es bedeutet in den Zeichnungen:

a den Cylinder, in welchem von dem Gasrohre f aus das Gas durch die Düse h eingeführt wird, g die Eintrittsöffnung für die Luft, b die Drahtgaze, c die Flansche als erste Platte, dann d die zweite, e die dritte und g die vierte Platte. l bezeichnet die Oeffnung in der zweiten Platte d. — c, d, e und f sind in den früher angegebenen Abständen von einander angeordnet. An der Flansche c können 3 oder mehr Arme zur Unterstützung eines aufzusetzenden Gefässes angebracht werden. Die Platten d, e und f können vermittelst Schrauben oder in irgend passender Weise verbunden sein. Fig. 10 stellt z. B. eine Verbindung derselben zu einer einzigen Platte im Grundriss dar. Die Anzahl, der Durchmesser und die Entfernung der Platten hängen von dem zu verbrennenden Gasquantum ab. Soll das Gas statt in Form von ununterbrochenen Flammenringen in einer Reihe einzelner Flammen brennen, so wendet man die in Fig. 11 und 12 dargestellte Construction an.

Die in den Fig. 13, 14 und 15 veranschaulichte Construction dieses Brenners ist für die Verbrennung von grösseren Gasmengen bestimmt. Diese Anordnung unterscheidet sich im Wesentlichen von den vorhererwähnten Constructionen dadurch, dass eine nochmalige innere centrale Luftzuführung zur besseren Verbrennung des Gases resp. zur Vermeidung der Entwickelung von Rauch oder Geruch angebracht ist. Diese centrale Luftzuführung steht zur Heizflamme in einem ähnlichen Verhältnisse, wie die centrale Luftzuführung im Argandbrenner zur Leuchtflamme.

Kochheerde mit Leuchtgas betrieben sind in grösserer Zahl in der Ausstellung vertreten, sind zum Theil recht praktisch ausgeführt und entsprechen alle den an sie gestellten Anforderungen der Rauchlosigkeit, ohne jedoch wegen der eigenthümlichen Küchenverhältnisse in England für uns besonders verwendbar zu sein. Jedenfalls sind die Gaskochheerde noch sehr theuer bezüglich der Heizung.

Erwähnen will ich hier die von *James Slater & Co.*, *London* ausgestellten *Hot-Plates*, den *„Kensington“ Gas-Kitchener* von *Browne & Co.*, *London W.* und *Cox's Patent „Save All“ Gas-Cooking-Stoves.*

Auch bei den Gasküchenheerden ist das Condensations-Princip vertreten z. B. in *Giles' Patent Condensing Gas Cooking Stove*, der natürlich ohne Schornstein arbeitet, daher Anspruch auf leichte Transportfähigkeit, resp. Benutzung in allen Räumen macht. Dass eine derartige Einrichtung absolut geruchlos arbeitet, wird aus den von Dr. Bond entwickelten diesbezüglichen Gründen kaum möglich sein, umsomehr als gewöhnliche Fischschwanzbrenner zur Heizung benutzt werden. Jedenfalls fällt in einer Küche der von unvollkommener Gasverbrennung herrührende Geruch derart nicht auf, wie es in einem Wohnzimmer mit reiner Luft sein würde. Es tragen aber die in die Küche entweichenden uncondensirbaren Verbrennungsproducte nicht dazu bei, den Aufenthalt darin angenehmer zu machen. Für andere Haushaltungs-

zwecke sind zahlreiche Gaseinrichtungen mit zum Theil ausge-
zeichnetem Erfolge ausgestellt. Letzteres bezieht sich namentlich

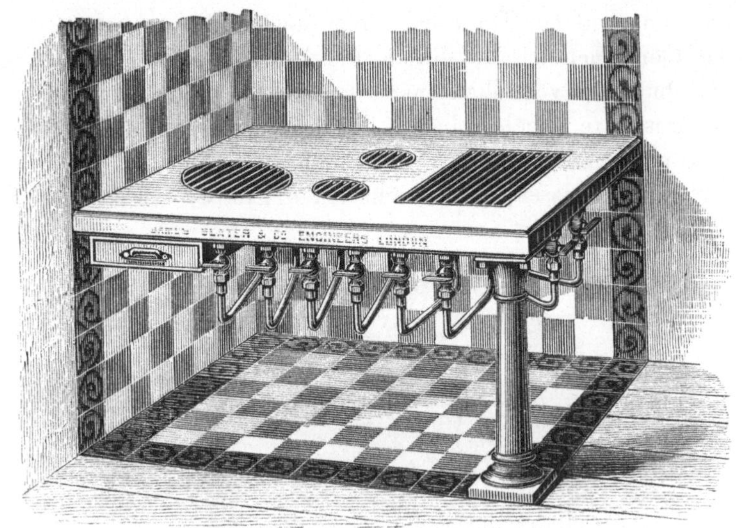

Wärm-Platte.

Browne & Co., London, W.

Der „Kensington"-Gas-Kochheerd.

auf die Apparate zur augenblicklichen Herstellung von heissem
Wasser.

In dem vorstehend übersetzten Werke von Dr. Bond sind die Principien angegeben, die für eine thunlichst schnelle öconomische und reinliche Wassererwärmung im Auge zu behalten sind, und hat Dr. Bond einen solchen Apparat ausgestellt, dessen Construction auf diesen Principien beruht und dessen Beschreibung ich vorstehend nach der Uebersetzung der Dr. Bond' schen Broschüre gegeben habe. Sein *„Enthermic Water-Heater"*, welcher pro Minute, bei entsprechender Gaszuführung eine *Gallon* (ca. 4,5 Liter) Wasser von gewöhnlicher Temperatur (ca. 50° F.)

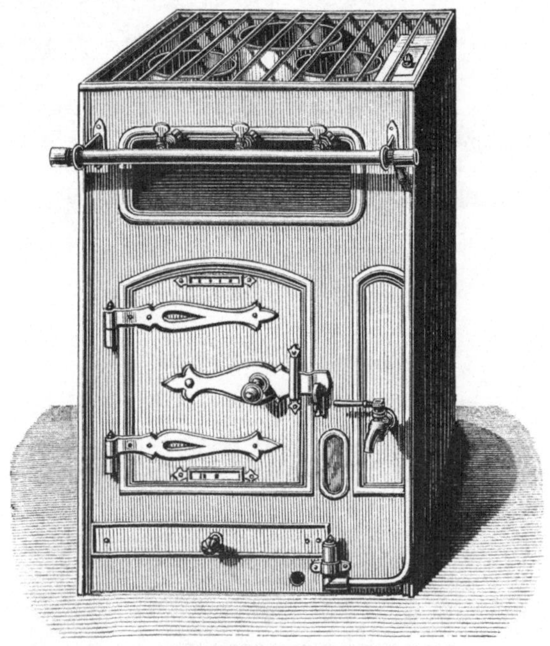

Giles's Patent-Kochheerd.

auf 100° F. zu bringen im Stande ist, hat einen constanten Zufluss kalten und constanten Abfluss warmen Wassers.

Derartige Resultate sind mit Apparaten, die das Wasser nicht in directe Berührung mit den Verbrennungsproducten des Gases bringen, natürlich nicht zu erzielen. Solche Einrichtungen, bei denen also die Wärme der Verbrennungsproducte durch Vermittelung eines Wärmeleiters an das Wasser abgegeben wird, sind von *Strode & Co., London,* die ganz besonders auf diesen Umstand Gewicht legen, und Anderen ausgestellt.

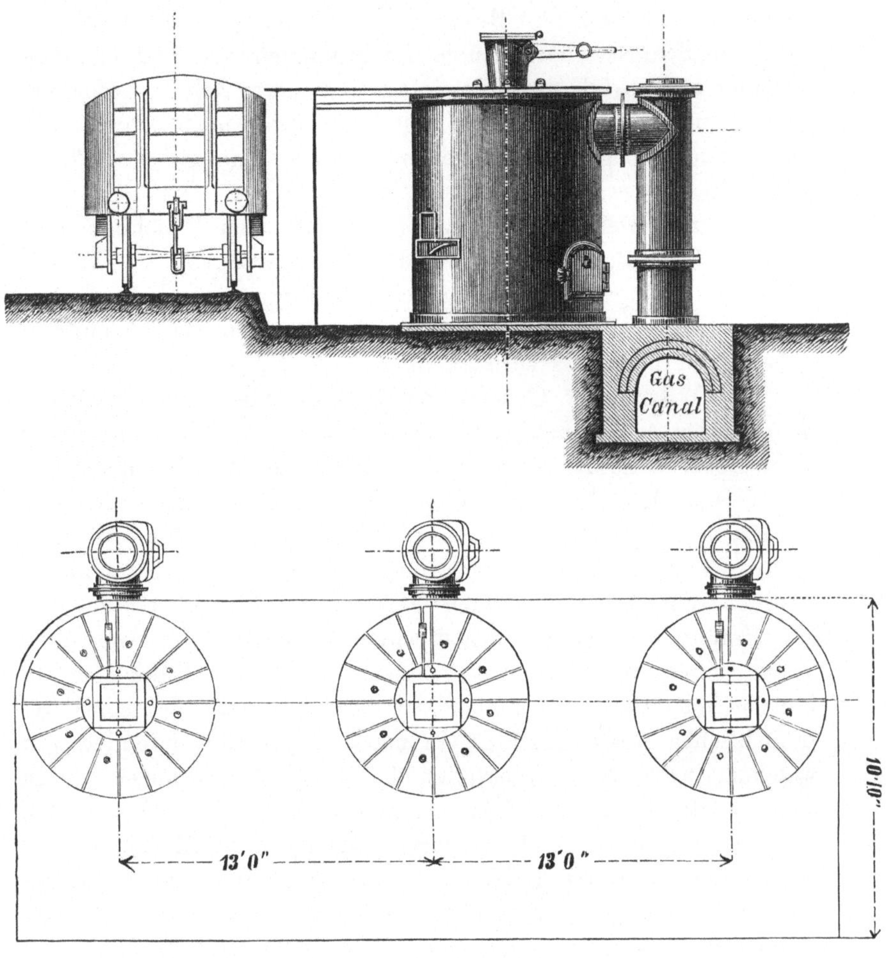

Der Wilson-Gas-Erzeuger.
Plan für das Arrangement von 3 Gaserzeugern.

Von den durch Gas betriebenen Dampfkesselfeuerungen sind vorzugsweise solche vertreten, welche mit Schwelgas oder Wassergas betrieben werden, weil Leuchtgas in diesem Falle zu kostspielig werden würde. Bezüglich des Wassergases behalte ich mir zum Schlusse noch einige Bemerkungen vor und erwähne vorläufig nur soviel, dass diese erst in neuerer Zeit in Aufnahme gekommene Gasart in ihrer Darstellungsweise noch sehr in der Entwickelung begriffen ist, jedenfalls aber eine grosse Zukunft verspricht.

Die zum Betriebe der dynamo-elektrischen Maschinen aufgestellte Dampfkesselanlage wurde mit Schwelgas, im Wilson'schen Gaserzeuger bereitet, geheizt; auf die eigentliche Gaserzeugung will ich an dieser Stelle nicht eingehen, da ich auf dieselbe später nochmals zurückkomme.

Der Wilson'sche Gaserzeuger hat mit allen anderen Apparaten dieser Art gemein, dass unter entsprechender Modificirung jedes Brennmaterial vergast und der Ort der Gaserzeugung getrennt vom Orte der Verbrennung angeordnet werden kann. Der Gaserzeuger besteht aus einem cylindrischen Schachte von etwa 10 Fuss Tiefe und 6 Fuss Durchmesser, der aus einem schmiedeeisernen mit Chamottesteinen gefütterten Mantel gebildet ist. Die Zuführung des frischen Brennmateriales erfolgt von oben durch einen mit Wasserverschluss versehenen Füllkasten in Pausen von etwa einer halben Stunde. An Stelle des sonst gebräuchlichen Rostes ist hier ein massiver Heerd verwendet, von welchem in gewissen Intervallen die restirende Asche etc. durch angebrachte Thüren entfernt werden kann. Durch den Boden sind zwei Rohre geführt, durch welche eine Mischung von 20 Theilen Luft auf 1 Theil Dampf vermittelst Dampfstrahlgebläse in den mit Kohle gefüllten Schacht eingetrieben wird. Der Abzug des gebildeten Heizgases findet in etwa $^2/_3$ Höhe des Schachtes statt; es wird dasselbe entweder in oberirdischen Rohren oder unterirdischen gemauerten Canälen nach dem Verbrennungsorte geleitet. Der Process wird derart geführt, dass innerhalb des Apparates incl. der Gasleitungen, stets ein geringer Ueberdruck vorhanden ist. Ein Wilson-Gaserzeuger obiger Dimensionen vergast etwa 4 Cwt. Klarkohle per Stunde.

An der Feuerstelle wird das Gas mit einem entsprechend

regulirbaren Luftquantum zusammengebracht und so verbrannt. Aus untenstehender Skizze ist ohne Weiteres ersichtlich, wie dies einfach erreicht wird.

Gas-Kesselfeuerungen waren sehr wenig im Betriebe ausgestellt. Ich übergehe die Einrichtung der Feuerstellen selbst, die nur in Detailconstructionen bezüglich Mischung von Gas und Luft von einander abweichen; einige haben Einrichtungen zum

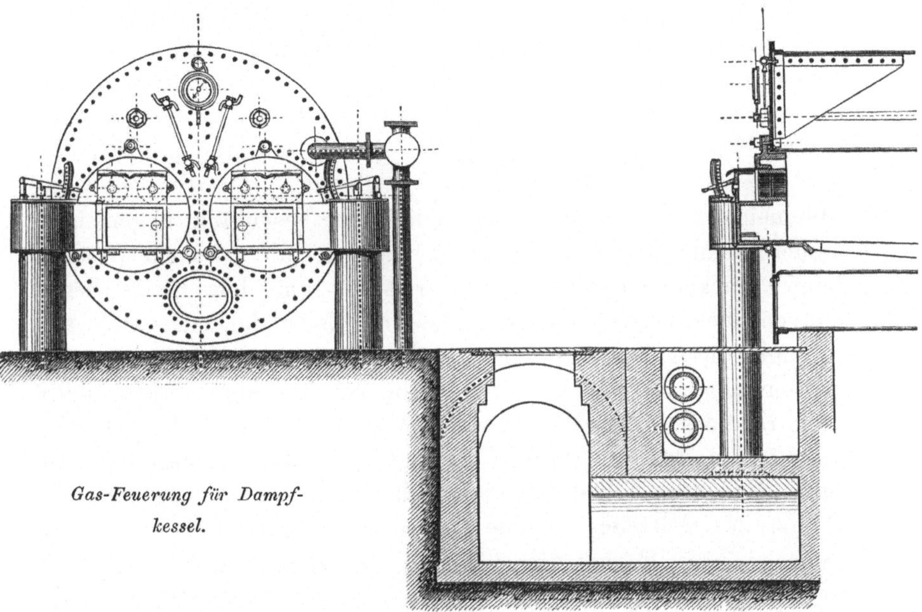

Gas-Feuerung für Dampf-
kessel.

Vorwärmen der Verbrennungsluft, die den öconomischen Effect unter Umständen ganz bedeutend steigern. Der Schwerpunkt liegt hauptsächlich in den Gaserzeugern, die ich später noch ausführlich behandeln werde.

Im Allgemeinen bemerke ich, dass mir etwas besonders Neues bei Gaskesselfeuerungen nicht aufgefallen ist und dass die bei uns bekannten derartigen Einrichtungen dieselben Resultate bezüglich guter Ausnützung des Brennmaterials ergeben, wie die englischen Anlagen.

Bei uns führt sich gegenwärtig die Gasfeuerung bei Dampfkesseln aus Sparsamkeitsrücksichten schnell ein; man erreicht

8*

ja damit ausserdem noch den Vortheil der Rauchlosigkeit ohne Mehrkosten.

Die Ursache dafür liegt in unseren hohen Kohlenpreisen gegenüber den englischen, die mehr zur Einführung einer thunlichst effectiven und billigen Heizung, wie es die Gasheizung ist, drängen.

Bezüglich sonstiger mit Gas betriebener Feuerungsanlagen sind noch folgende gelungene Ausführungen zu erwähnen.

Ein Backofen mit Leuchtgas-Heizung von Thompson Brothers, Leeds in Zeichnung ausgestellt.

Die Rauchmenge, welche von den Bäckern einer grossen Stadt jetzt producirt wird, ist eine ganz bedeutende bei directer Feuerung. Die Schwierigkeit, diesem Uebelstande gründlich abzuhelfen, ist eine anerkannt sehr grosse; einestheils durch die örtlichen Verhältnisse der meisten Bäckereien in grossen Städten, die meist in Souterrains und räumlich sehr beschränkt liegen, und anderentheils durch die geringen Kosten, die für den Betrieb einer Backofenfeuerung verfügbar sind, um dem Bäcker entsprechenden Verdienst übrig zu lassen. Es ist daher aus ersterem Grunde die Anlage von Schwelgaserzeugern nur in den seltensten Fällen möglich und aus letzterem die Verwendung von kostspieligem rauchlosem Heizmateriale ausgeschlossen. Mit Cokebacköfen, wie ein Modell von William Lawrence, London ausgestellt, sind gute Resultate erzielt worden, auch mit anderem rauchlosen Materiale; trotzdem ist die Anwendung dieser Art Oefen nur eine geringe. Es hat dies jedenfalls seinen Grund theilweis wie schon erwähnt in den höheren Kosten gegenüber Kohlen-Heizung, theilweis aber auch in den besonderen Bedingungen, die für Anwendung rauchlosen Brennmateriales zu erfüllen sind und die jedenfalls mit anderen an den Ofen zu stellenden Anforderungen im Widerspruch stehen.

Leuchtgas hilft natürlich über alle Schwierigkeiten, bis auf die Kosten, weg. Wenn auch oben genannter Leuchtgas-Backofen vorzügliche Leistungen bezüglich Ausnutzung der Wärme bietet, bleiben naturgemäss seine Betriebskosten gegenüber Kohlenheizung höhere.

Von anderen Apparaten finden sich noch mit Leuchtgasheizung Plätteisen mit innerer Feuerung vor. Dieselben sind von verschiedenen Firmen ausgestellt, z. B. der *Air-Burning*

Company Limited, Glasgow; sie werden mit Gebläse-Gasflammen geheizt, in die man von einem Reservoire aus einen Luftstrom einbläst. Für Kleinbetrieb dient dazu ein mit dem Fusse beweglicher Blasebalg; für Grossbetrieb wird die Luft von einem mit Maschine betriebenen Ventilator etc. geliefert.

Ebenso sind mit Leuchtgas geheizte Oefen vorhanden, um Plätteisen darauf erwärmen zu können; auch ganze Tische, die zum Zwecke des Plättens mit Leuchtgas erwärmt werden.

Auf eine specielle Beschreibung der ausgestellten Gasmaschinen, Gasbrenner, Regulatoren u. s. w. will ich nicht eingehen, da hierunter viel Bekanntes deutscher Abstammung vorhanden ist, und diese Apparate auch erst in zweiter Linie bei Lösung der Rauchfrage in Betracht kommen.

Hieran schliesse ich noch die Beschreibung einiger ausgestellter elektrischer Apparate und beginne mit der des elektrischen Schmelzofens meines Bruders C. William Siemens, die ich einer diesbezüglichen Broschüre von ihm entnehme. Durch die Verbrennung von festem oder gasförmigen Brennmateriale werden Temperaturen erreicht, die für alle praktischen Zwecke genügen. Es existirt aber eine Temperaturgrenze, die in keinem Ofen, welcher durch Verbrennung festen oder gasförmigen, kohlenstoffhaltigen Brennmateriales geheizt wird, überschritten werden kann. Bekanntlich hört bei gewissen hohen Temperaturen die chemische Affinität zwischen Sauerstoff einerseits und Kohlenstoff und Wasserstoff andererseits vollständig auf, und wenn die Verbrennungsproducte, also Kohlensäure und Wasserdampf, einem derartigen Temperaturgrade ausgesetzt wurden, erfolgte eine Zerlegung derselben in ihre Elemente. Dieser Punkt der Zersetzung ist von dem vorhandenen Drucke abhängig und ist, z. B. für Kohlensäure unter Atmosphären-Druck, als bei 2600" C. (oder 4700" F.) liegend, gefunden worden. Schon vor dem Erreichen des Zersetzungspunktes wird die Verbrennung wesentlich gestört, und die praktisch erreichbare Temperaturgrenze wird dann erlangt, wenn der Wärmeverlust des Ofens durch Ausstrahlung mit der durch die Verbrennung erzeugten Wärme ins Gleichgewicht kommt.

Die Elektricität soll nun die Mittel an die Hand geben,

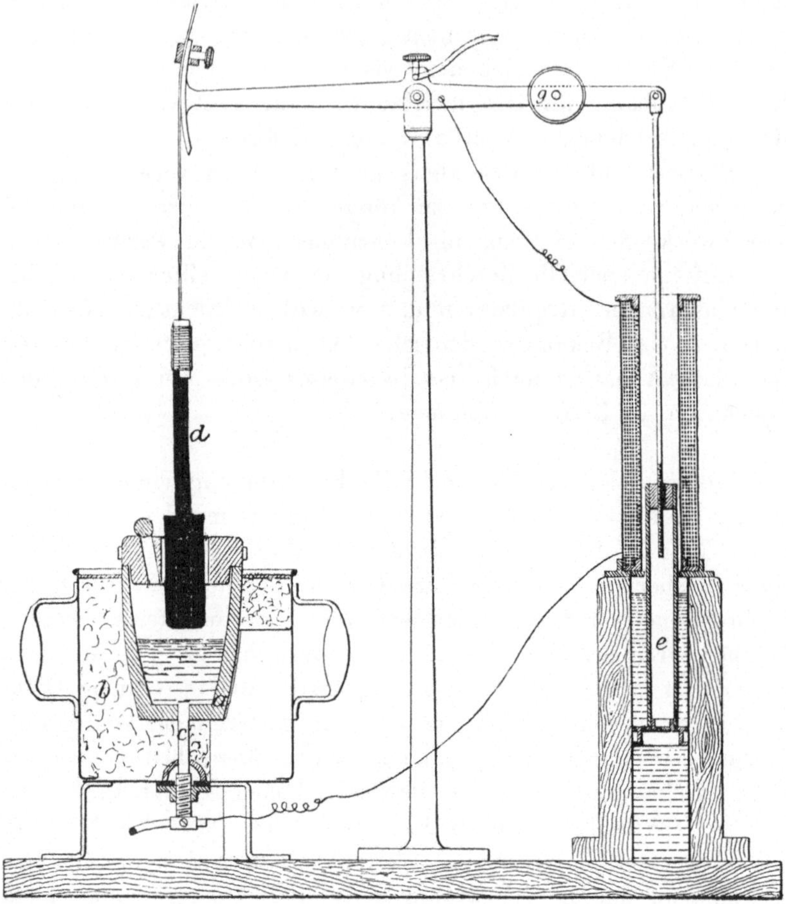

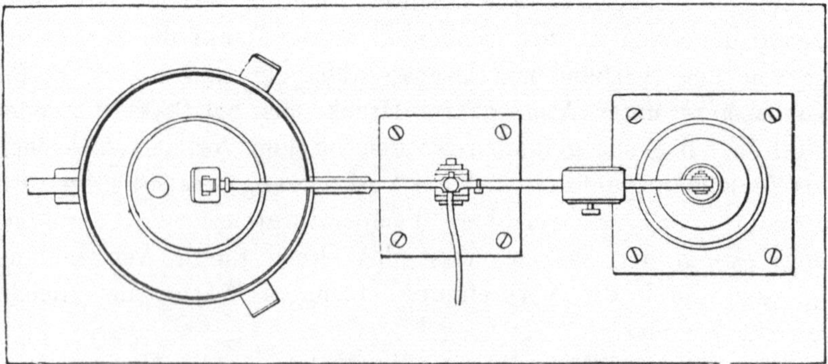

Elektrischer Schmelzofen von Dr. C. W. William Siemens, London.

Temperaturen, die über diesem Zersetzungspunkte liegen zu erzeugen, und die in dieser Beziehung erreichten praktischen Resultate lassen schliessen, dass der elektrische Bogen für diesen Zweck sehr bald allgemeine Anwendung finden wird.

Magneto-elektrische und dynamo-elektrische Ströme, die leichter und billiger herzustellen sind, als die früher gebräuchlichen Batterieströme, geben in dieser Beziehung die nöthigen Mittel an die Hand.

Um die Wärme des elektrischen Bogens für grössere Effecte, wie zum Schmelzen von Platin, Iridium, Stahl oder Eisen nutzbar zu machen, oder denselben für Reactionen und Zersetzungen zu benutzen, die zu ihrem Vollzuge eines ausserordentlich hohen Hitzegrades bedürfen, bei gleichzeitig erforderlicher Abwesenheit der störenden Einflüsse, die in einem mit kohlenstoffhaltigem Materiale geheizten Ofen unvermeidlich sind, darf dieselbe nicht wie bisher innerhalb eines Brennpunktes, also eines verhältnissmässig sehr beschränkten Raumes zur Wirkung gebracht werden, sondern muss sich entsprechend vertheilen.

Ein solcher Apparat, um Materialien wie z. B. Eisen, Stahl oder Platin elektrisch zu schmelzen, besteht aus einem gewöhnlichen Schmelztiegel a aus Graphit oder anderem genügend feuerfesten Materiale, der in eine metallne äussere Umhüllung b eingesetzt ist. Der Raum zwischen Tiegel und Metallhülle ist mit pulverisirter Holzkohle oder einem anderen schlechten, aber unschmelzbaren Wärmeleiter ausgefüllt. Im Boden des Schmelztiegels ist ein Loch vorgesehen zur Einbringung des Stabes c aus Eisen, Platin oder dichter Kohle, wie dieselbe für Zwecke der elektrischen Beleuchtung benutzt wird. Der Deckel des Schmelztiegels ist zum Zwecke der Aufnahme des negativen Poles d ebenfalls durchlocht. Den negativen Pol bildet vortheilhaft ein verhältnissmässig grosser Cylinder aus dichter Kohle. An dem Ende eines im Mittel unterstützten Waagebalkens ist der negative Pol d vermittelst eines Streifens aus Kupfer oder anderem gutleitenden Materiale befestigt; das andere Ende dieses Waagebalkens ist mit einem hohlen Cylinder e aus weichem Eisen verbunden, der sich frei innerhalb einer Drahtspirale, die einen Widerstand von etwa 50 Einheiten hat, vertical bewegen kann. Vermittelst eines verstellbaren Gewichtes kann der

Ausschlag des Waagebalkens in Richtung der Drahtspirale derart verändert werden, dass er die magnetische Kraft, mit welcher der hohle Eisenkörper in die Drahtspirale gezogen wird, ausbalancirt. Ein Ende dieser Spirale ist mit dem negativen Pole des elektrischen Bogens verbunden, und da die Spirale hohen Widerstand besitzt, so ist die Kraft mit welcher der Eisencylinder von dieser angezogen wird, direct proportional der (*electromotive force*) elektromotorischen Kraft zwischen den zwei Polen, oder mit anderen Worten, dem Widerstande im elektrischen Bogen selbst.

Der Widerstand des Bogens kann beliebig bestimmt werden innerhalb der Grenzen der benutzten Kraftquelle, durch Verstellung des Gewichtes g auf dem Waagebalken. Wenn der Widerstand des elektrischen Bogens aus irgend einem Grunde wachsen sollte, würde der die Drahtspirale passirende Strom an Stärke gewinnen, und die magnetische Kraft, welche in diesem Falle das entgegenwirkende Gewicht überwindet, würde Veranlassung sein, dass der negative Pol im Schmelztiegel herabsinkt; im Falle der Widerstand des elektrischen Bogens bis unter die gewünschte Grenze abnehmen sollte, würde das Gewicht g den in der Drahtspirale befindlichen Eisencylinder abwärts drücken und die Länge des elektrischen Bogens würde so lange zunehmen, als das Gleichgewicht zwischen den wirkenden Kräften nicht vollkommen wieder hergestellt ist.

Diese automatische Regulirung des elektrischen Bogens ist von ganz besonderer Wichtigkeit für die gelungene Durchführung des elektrischen Schmelzprocesses. Ohne diese Regulirung würde der Widerstand des elektrischen Bogens sehr rasch mit Zunahme der Temperatur im Schmelztiegel abnehmen und es würde, zum Nachtheile des elektrischen Schmelzofens, eine Wärmeentwickelung innerhalb der dynamo-elektrischen Maschine stattfinden. Andererseits würde eine plötzliche Verminderung des Leitungswiderstandes im schmelzenden Materiale eine plötzliche Steigerung des Leitungswiderstandes im elektrischen Bogen zur Folge haben, der, wenn eine solche Selbstregulirung nicht vorhanden wäre, wahrscheinlich zu bestehen aufhören würde. Ein anderer für den Erfolg der elektrischen Schmelzung besonders wichtiger Punkt ist die Bildung des positiven Poles des elektrischen Bogens aus dem zu schmelzenden Materiale. Es ist bekannt, dass hauptsächlich am positiven Pole Wärme entwickelt wird; es findet in der That dort eine theilweise Schmelzung des den Pol bildenden Materiales statt, ehe noch der Tiegel selbst auf dieselbe Temperatur gebracht worden ist. Dies Princip ist natürlich nur zum Schmelzen von Metallen und anderen elektrischen Leitern, wie Metalloxyde anwendbar, welche in der Hauptsache die Materialien bilden, mit welchen man metallurgische Operationen vornimmt. Im Falle man nichtleitendes Material schmelzen will, wird es nöthig, einen unzerstörbaren positiven Pol zu schaffen; ein solcher kann durch einen Einsatz geschmolzenen Platins, Iridiums, oder durch einen Graphittiegel gebildet werden. Bei dem Betriebe des elektrischen Ofens beansprucht zwar das Aufheizen der Schmelztiegel etwas längere Zeit, aber es ist erstaunlich, wie schnell eine Ansammlung von Wärme stattfindet.

Bei der Benutzung eines Paares Dynamo-Maschinen, welche einen Strom von 70 Webereinheiten mit einem Aufwande von 7 Pferdekräften produciren und, wenn für elektrische Beleuchtung bestimmt, ein Licht von 12000 Candles erzeugen, wurde ein Schmelztiegel von ungefähr 8 Zoll Tiefe, welcher in nichtleitendes Material gepackt war, in 15 Minuten zur Weissgluth gebracht; 4 lbs. Stahl wurden innerhalb weiterer 15 Minuten geschmolzen und verminderte sich bei darauf folgendem Schmelzen die Dauer desselben noch um etwas. Der Schmelzprocess kann durch Vergrösserung der Tiegel und entsprechende Verstärkung der Dynamo-Maschinen in grösserem Massstabe durchgeführt werden. In der Praxis hat sich herausgestellt, dass ein Strom von 100 Webereinheiten und einem Widerstande von 50 ohms 6 Pferdekräften entsprechend, 1,5 kg Stahl in 15 Minuten in einem bereits erhitzten Tiegel schmilzt. Dies würde per Stunde 6 kg betragen, die mit einem Aufwande von 8 kg Kohlen unter dem Kessel in einer Stunde geschmolzen wurden, oder es sind 1,3 kg Kohle zur Schmelzung von 1 kg Stahl auf elektrischem Wege erforderlich.

Ferner ist die elektrische Eisenbahn meines Bruders Dr. Werner Siemens im Modell ausgestellt; von dieser will ich nur kurz das Princip, auf dem sie beruht angeben.

An irgend einer passenden Station der Bahnstrecke ist eine

dynamo-elektrische Maschine mit entsprechendem Motor aufgestellt. Die beiden Pole der Maschine sind mit je einer Schiene verbunden. Die Räder einer Seite des Wagens, der auf den Schienen läuft, sind in leitender Verbindung mit dessen metallenem Unterbau, während die Räder der anderen Seite isolirt sind. Unter dem Wagenboden ist eine elektrische Maschine ähnlich der auf der Station befindlichen angebracht, deren einer Pol mit dem Unterbau des Wagens verbunden ist, während der andere mit den von letzterem isolirten Rädern in leitender Verbindung steht. Die Axe der Räder kann unmittelbar als Drehaxe des Ankers der auf dem Wagen befindlichen elektrischen Maschine dienen, oder auch mit dieser durch entsprechende Transmission verbunden sein. Der von der Stationsmaschine ausgehende elektrische Strom nimmt also seinen Weg längs der einen Schiene durch die Räder der betreffenden Wagenseite und den Unterbau des Wagens nach der unter diesem angebrachten Dynamo-Maschine, deren Anker er in Umdrehung versetzt, folglich auch die mit demselben verbundene Radaxe dreht, also den Wagen fortbewegt. Hierauf kehrt der Strom durch die Räder der anderen Seite und die zweite Schiene nach der Stationsmaschine zurück. Bei wirklichem Betriebe sind Stromumschalter angeordnet, durch welche man die Ströme derart in der Gewalt hat, dass der Wagen durch Umlegen eines einfachen Hebels angehalten, gebremst, sowie seine Bewegungsrichtung bestimmt werden kann.

Von elektrischen Apparaten sind noch verschiedene Systeme von Bogenlichtern und Glühlichtern zu erwähnen, die aber weniger als Ausstellungsobjecte aufzufassen sind, sondern zur nöthigen Beleuchtung der Räumlichkeiten dienten. Dieselben sind auch bezüglich der Rauchfrage von nur secundärem Interesse und will ich daher auf diese gerade jetzt in allen möglichen Formen auftauchenden Apparate nicht speciell eingehen. —

Ueber Gaserzeugung.

Es giebt drei Hauptklassen von Gaserzeugungsapparaten.

1. Einrichtungen zur Erzeugung von Leuchtgas vermittelst Destillation in Retorten.
2. Schwelgasanlagen.
3. Einrichtungen zur Erzeugung von Wassergas vermittelst der Einwirkung des überhitzten Wasserdampfes auf Kohlen.

Die zuerst genannte Gaserzeugungsart, die nahezu ausschliesslich für Leuchtgas Verwendung findet, kann wohl als allgemein bekannt vorausgesetzt werden. Ausser einigen sogenannten Generatoröfen, wie solche ja auch vom Dresdener Gasdirector Hasse zum Theil erfunden und von ihm auf der neuen hiesigen Gasanstalt mit vorzüglichem Erfolge ausschliesslich angewendet werden, ist mir nichts Bemerkenswerthes aufgefallen. Ich enthalte mich daher der Beschreibung der Leuchtgasbereitung.

Die zweite Art der Gaserzeugung, die des Schwelgases, ist ebenfalls bereits in grossem Massstabe eingeführt; auch in Sachsen ist dieselbe vielfach in Anwendung. Ich erwähne in dieser Beziehung, als zunächst liegend, meine Glashütten in Dresden und Döhlen, deren Schmelzöfen und anderen Feuerungsanlagen beinahe ausschliesslich mit Schwelgas betrieben werden. Ferner sind derartige Schwelgasfeuerungsanlagen in Betrieb auf der Döhlener Gussstahlfabrik, der Hainsberger Papierfabrik, der Kleinrückerswalder Papierstofffabrik, verschiedenen Glashütten in Radeberg, Pirna etc. Aus der bekannten Zusammensetzung des Schwelgases geht hervor, dass dasselbe sehr wenig Leuchtkraft und auch nur einen untergeordneten Heizwerth besitzt. Um dennoch Schwelgas für Processe, welche eine sehr hohe Temperatur erfordern mit Erfolg nutzbar zu machen, entwickelte ich seiner Zeit, zusammen mit meinem Bruder William Siemens, das Regenerativ-Heizsystem, welches ich ebenfalls als bekannt voraussetze. Bei Anwendung dieses Systemes genügt das Schwelgas vollständig, indem trotz des geringen Heizwerthes desselben ein bisher nur durch die Widerstandsfähigkeit des Ofen-Materials begrenzter Hitzegrad erzeugt werden kann, wie z. B. die allgemein angewendeten Regenerativ-Gussstahl-Schmelzöfen mit oder ohne Benutzung von Tiegeln beweisen.

Das Schwelgas hat die etwas unangenehme Eigenschaft, dass es Theer, Wasser und andere Stoffe, die es vermöge der Eigenart des Destillationsprocesses mit sich führt, absetzt. Im Falle dasselbe daher nach von dem Gaserzeuger entfernten Orten in Röhren oder gemauerten Canälen transportirt werden soll, thut man gut, das erzeugte Gas in besonderen Behältern oder grossen, oberidischen geneigten Rohren von möglichst grosser Oberfläche vorher vollständig abzukühlen und auch reichlich mit Wasser in Berührung zu bringen; erst dann lässt sich Schwelgas in entsprechend dimensionirten Röhren auf weite Entfernungen fortleiten, um an beliebigen Orten zu Heizzwecken verwendet zu werden.

Die bis vor kurzer Zeit zur Erzeugung von Schwelgas benutzten Apparate lassen sich in 2 Gruppen scheiden, nämlich in solche, die mit natürlichem Zuge arbeiten und in solche, denen man die Brennluft vermittelst eines Gebläses zuführt. Je nach dem zu vergasenden Materiale finden die verschiedensten Rostformen Verwendung. Auf dem Roste selbst, der die untere Seite eines gemauerten mit dem zu vergasenden Materiale gefüllten Schachtes bildet, verbrennt ein Theil desselben und bildet dadurch Kohlensäure; diese passirt die über dem Roste befindlichen glühenden Brennmaterialschichten und wird dadurch in Kohlenoxydgas verwandelt. Bei dem weiteren Wege dieses Gases durch die noch im Abdestilliren begriffenen Schichten des in dem Schachte über dem Roste befindlichen Brennmateriales werden die in dem Schwelgas enthaltenen Bestandtheile, wie Kohlenwasserstoffgas, Theer, Wasserdämpfe u. s. w. aufgenommen. — Um nun ein Gas von höherem Heizwerthe zu erhalten, ohne dem Gaserzeuger selbst eine complicirtere Form geben zu müssen, construirte mein Bruder C. William Siemens neuerdings einen solchen Apparat, der in Zeichnung ausgestellt war und dessen Beschreibung nebst Skizze ich hier folgen lasse.

Der Apparat besteht aus einer schmiedeeisernen cylindrischen Kammer *a*, die unten trichterförmig zusammengezogen und mit feuerfesten Steinen ausgesetzt ist. Das zu vergasende Material wird durch einen Füllkasten *b* oben aufgegeben und die sich bildende Asche und Schlacke durch eine am Boden befindliche

Oeffnung abgezogen. Anstatt die athmosphärische Luft wie früher durch einen Rost zuzuführen, wird hier ein Strom heisser Luft entweder durch den Füllkasten, oder durch die Bodenöffnung

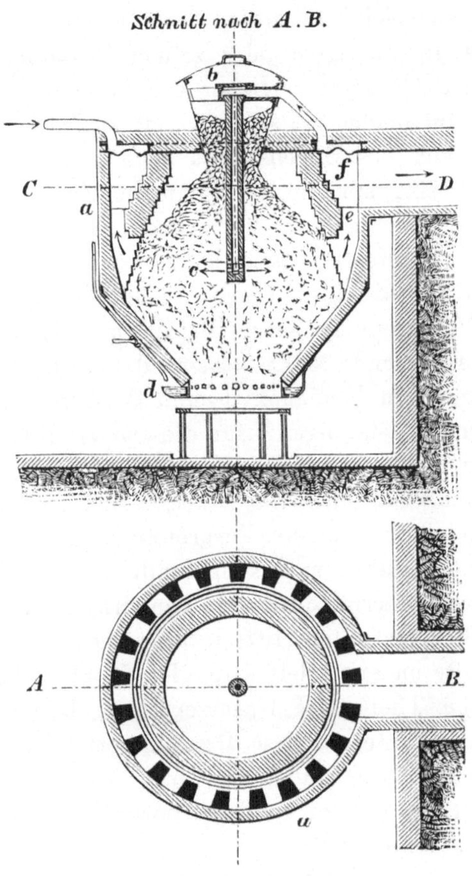

Gaserzeuger von Dr. C. William Siemens, London.

vermittelst eines Rohres eingebracht und in die Mitte der Brennmaterialmasse geblasen; die Wirkung davon ist die Erzeugung einer sehr intensiven Hitze an diesem Punkte. Das zu vergasende Material, nachdem es den Fülltrichter passirt hat, gelangt allmälig in die Zone intensiver Hitze c und zersetzt sich dort in seine gasförmigen Bestandtheile. An dem Punkte grösster Hitze verbrennt der Kohlenstoff und producirt Kohlensäure; diese, indem sie die umliegende Brennmaterialschicht passirt, nimmt ein zweites Aequivalent Kohlenstoff auf und wird so in Kohlenoxydgas umgewandelt. In dieser Zone werden auch die erdigen Bestandtheile in flüssigem oder zähem Zustande zum grössten Theile ausgeschieden, und erreichen bei ihrem allmählichen Sinken die Oeffnung im Boden wo sie von Zeit zu Zeit entfernt werden. An der Oeffnung des Bodens tritt auch Luft bis zu einem gewissen Grade ein, um die vollkommene Zersetzung aller noch kohlenstoffhaltigen Theilchen zu sichern, die etwa die Zone der grössten Hitze unzersetzt passirt haben könnten. An dieser Stelle wird in dem ringförmigen Troge d auch Wasser zugeführt, das nach seiner Verdampfung durch die Wärme der dort befindlichen Schlacken die glühende Masse passirend aufwärts steigt und dort durch Zersetzung in Kohlenoxyd- und Wasserstoffgas verwandelt wird. Die Austrittsöffnungen e für die erzeugten Gase liegen nahe dem Umfange des cylindrischen Theiles der Kammer und münden in einen gemeinschaftlichen ringförmigen Raum f, von welchem aus sie in Canälen oder Röhren dem Verbrennungsorte zugeführt werden.

Der Vorzug dieses modus operandi besteht darin, dass das gesammte Brennmaterial durch die Einwirkung der innerhalb der Masse desselben erzeugten Hitze in brennbares Gas mit niedrigem Stickstoffgehalte umgewandelt wird. Die Kohlen-Wasserstoffe, die in dem oberen Theile des Gaserzeugers gebildet werden, sind gezwungen das untere heisse Brennmaterial zu durchströmen, und wird so der Theer und andere mit diesem gemischte Dämpfe wieder zersetzt und ein von condensirbaren Bestandtheilen beinahe freies Brenngas erzeugt.

Die Oeffnung am Boden des Gaserzeugers kann auch vergrössert und derart eingerichtet werden, dass man im Stande ist, nicht nur Asche, sondern auch Coke abziehen zu können, auf diese Weise hätte man einen continuirlichen Cokeofen der gleichzeitig Gaserzeuger ist gebildet, oder mit anderen Worten einen Apparat geschaffen, in welchem sowohl die festen, als die gasförmigen Bestandtheile vollständig und getrennt von einander erhalten werden können.

Die hohe Hitze im eigentlichen Centrum der Brennmaterialmasse hat eine ausserordentlich lebhafte Destillation zur Folge, derart, dass ein Gaserzeuger dieser Art die Arbeit von 2 oder 3 Gaserzeugern älterer Construction verrichtet. Die gesteigerte Gasproduction ermöglicht ausserdem die Einführung der Gasheizung dort, wo derselben bis jetzt, aus Mangel an Platz oder aus Sparsamkeitsrücksichten, der Ofen mit directer Kohlenfeuerung vorgezogen wurde.

Die Gasheizung hat bei stationären Kesseln auf dem Festlande bereits die vorzüglichsten öconomischen Resultate ergeben. Es ist daher jedenfalls auch möglich, die Gasfeuerung mit Vortheil für die Dampfkessel der Seeschiffe zu benutzen. Die Schiffsdampfmaschinen sind innerhalb der letzten 15 Jahre ganz ausserordentlich vervollkommet worden; der Kohlenverbrauch, welcher am Anfang dieser Periode nicht unter 8 lbs. per H. P. betrug, ist durch Expansionswirkung in Compound-Maschinen bis auf 2 lbs. oder weniger per effective H. P. reducirt worden. Trotzdem hat man zur Verbesserung der Schiffskesselfeuerung nichts gethan. Gegenwärtig sind in den geschlossenen Kesselräumen der Seeschiffe eine beträchtliche Anzahl von Feuerleuten fortwährend damit beschäftigt, frische Kohlen durch die geöffneten Feuerthüren der Kessel einzuwerfen. Jede Kohlencharge hat das Entweichen einer schweren Wolke von schwarzem Rauche aus dem Schornsteine zur Folge, zur grossen Belästigung der auf Deck befindlichen Personen. Wenn statt dessen das feste Brennmaterial mechanisch einem oder mehreren Gaserzeugern aufgegeben würde, so könnte man vermittelst des erzeugten Gases die Dampfkessel auf sehr gleichmässiger Temperatur erhalten; man würde damit nicht nur die fast übermenschliche Anstrengung der Feuerleute und das Entweichen von Rauch und Russ aus dem Schornstein vermeiden, sondern ausserdem noch eine bedeutende Ersparniss an Brennmaterial erzielen.

Ich komme an dieser Stelle nochmals auf den bereits erwähnten Gaserzeuger von Wilson zurück. Wilson beabsichtigt ebenfalls die Erzeugung eines Schwelgases von höherem Heizwerthe, als dies durch Gaserzeuger älterer Construction möglich ist. Die Kohlenwasserstoffe der Kohle und auch der Coke, also die Gesammtmasse der gasförmigen und festen Bestandtheile derselben werden mit Ausnahme der Asche in brennbares Kohlenoxydgas verwandelt. Die Einrichtung des Apparates von Wilson habe ich bereits früher beschrieben. Der Unterschied zwischen dem Gaserzeuger meines Bruders und dem Wilson'schen liegt in der Hauptsache nur in der Art und Weise der Zuführung des Wasserdampfes zur Unterstützung der Erzeugung von brennbaren Gasen. Während bei dem Gaserzeuger meines Bruders der Dampf in der Nähe des Rostes aus Wasser erst gebildet wird, führt Wilson denselben mit der Brennluft gemischt ein. Zugegeben, dass die zugeführte Dampfmenge bei dem Wilson'schen Gaserzeuger eine genau regulirbare ist und darin gegenüber dem anderen Apparate ein gewisser Vortheil liegt, so ist doch das in beiden Apparaten erzeugte Gas unter Voraussetzung gleichen Brennmateriales von nahezu demselben Heizwerthe.

Die in solchen Gaserzeugern entwickelten Heizgase haben einen durchschnittlichen Stickstoffgehalt von etwa 56%, etwa 40% brennbare Gase und einen Kohlensäuregehalt bis zu 4%. Die Art der Gaserzeugung bedingt einen wesentlich verminderten Gehalt an Condensationsproducten gegenüber den in Apparaten älterer Construction erzeugten Heizgasen, deren mittlere Zusammensetzung etwa $65-70\%$ Stickstoff, $20-25\%$ brennbare Gase bei einem Kohlensäuregehalt von $5-10\%$ betrug. Der Kohlensäuregehalt der erzeugten Gase hängt abgesehen vom Brennmateriale ganz wesentlich von der Betriebsführung der Gaserzeuger ab; er bildet daher den sichersten Massstab für Beurtheilung des richtigen Vollzuges des Vergasungsprocesses. Ein übermässiger Gehalt von Kohlensäure im Heizgase zeigt immer an, dass ein Theil der brennbaren Gase durch Luftzutritt innerhalb des Apparates verbrannt wurde.

Die dritte Art der Gaserzeugung, nämlich die des Wassergases, erscheint in zwei verschiedenen Ausführungsweisen in der Ausstellung:

1. Das Verfahren mit Regeneratoren und Umkehrung der Zugrichtungen, einer Construction, welche dem bereits erwähnten Regenerativ-Gasofen sehr ähnlich sieht und demselben nachgebildet wurde.

2. Ohne Zugumkehrung mit Zuhülfenahme von Retorten.

Wassergas, d. h. Gas welches durch Zersetzung von überhitztem Wasserdampf unter Einwirkrng glühender Kohlen erzeugt wird, ist ein Gemisch von Kohlenoxydgas, Wasserstoff, Sumpfgas und Kohlensäure mit einem minimalen Gehalte an Stickstoff; letztere zwei Bestandtheile sind unangenehme Zugaben, die aber nicht zu vermeiden sind und ihren Grund in der Art des Processes und den angewandten Materialien haben. Das Verfahren **Wassergas in Retorten** herzustellen, die von **aussen geheizt** werden, ist das älteste. Schon in den Jahren 1820—1830 wurden diesbezügliche Versuche gemacht. Eine Einführung des Verfahrens in die Praxis konnte aber nicht ermöglicht werden, da die Kosten einer derartigen Wassergasheizung sich relativ höher stellten, als die Leuchtgasheizung.

Wassergas mit Zuhülfenahme von Regeneratoren mit Zugumkehr, die zur Erzeugung einer sehr hohen Temperatur dienen, herzustellen, ist das bekannte Strong'sche Verfahren. Auf der Ausstellung war von Mr. George Dwight, zur Zeit in Dresden, ein *Strong - Gasproducer* im Modell aufgestellt. Es würde mich zu weit führen, wenn ich an dieser Stelle auf das System speciell eingehen wollte, es existirt bereits eine reiche Literatur darüber und verweise ich z. B. auf den von Julius Quaglio herausgegebenen Bericht, „Strong's Patent zur Bereitung von Heizgas in Verbindung mit Lowe's Leuchtgasverfahren", auf die bezüglichen Arbeiten von Dr. Bunte, München, und Anderen.

Die Zusammensetzung des im Strong'schen Apparate erzeugten Gases schwankt je nach dem angewandten Brennmateriale, wie folgende Zusammenstellung in Volumenprocenten zeigt.

	CO_2	CO	H	CH_4	NO
Coke	4	40	49	6	1
Steinkohle	3	35	60		2
$^1/_4$ Coke mit $^3/_4$ nassen Torf	9	33,4	57,1		0,5

Aus vorstehenden Analysen ist ersichtlich, dass das Wassergas eine viel concentrirtere Zusammensetzung hat, wie das Schwelgas, welches mehr als zur Hälfte aus Stickstoff besteht. In Amerika ist Strong-Gas bereits für Städtebeheizung resp. Beleuchtung in grossem Massstabe angewendet. Der Einführung bei uns stellen sich momentan die Unvollkommenheiten, welche dem Verfahren noch anhaften entgegen; dieselben werden in der Hauptsache durch die angewandten hohen Temperaturen bedingt. Diese praktischen Mängel sind jedoch mit der Zeit unzweifelhaft zu beseitigen und ist dann Wassergas, seiner hohen Heizkraft und billigen Herstellung wegen, jedenfalls als das Brennmaterial der Zukunft zu bezeichnen. Eine üble Eigenschaft des Wassergases ist sein grosser Gehalt an Kohlenoxydgas, wodurch es der Gesundheit gefährlich wird, im Falle Undichtigkeiten der Röhren ein Ausströmen gestatten. Es erfordert daher eine gut angelegte, dichte Rohrleitung, und es müssen besondere Vorkehrungen getroffen werden, um Gasentweichungen in Häusern und Wohnungen sofort entdecken und verhindern zu können.

Ich bemerke noch, dass ich schon längere Zeit mit Durcharbeitung und praktischen Versuchen eines Verfahrens beschäftigt bin, das die Herstellung eines dem Wassergase ähnlichen Gases von hohem Heizwerthe, sehr geringem Stickstoffgehalte und thunlichst permanentem Charakter, in einem verhältnissmässig einfachen Apparate ermöglichen soll. Schon in den Jahren 1860—1865, in welche Zeit die Einführung meiner Regenerativöfen in England fällt, hatte ich die Absicht, die dem im gewöhnlichen Schwelgaserzeuger hergestellten Heizgase innewohnende Wärme zur Destillation wieder nutzbar zu machen. Ich construirte zu diesem Zwecke einen Regenerativ-Gaserzeuger; leider gab dieser nur sehr kurze Zeit befriedigende Resultate, da sich die Regeneratoren in ihren kälteren Theilen sehr schnell mit den im Schwelgase enthaltenen Condensationsproducten zusetzten. Auch später wiederholte Versuche in dieser Beziehung, ergaben kein wesentlich günstigeres Resultat. Anders natürlich gestaltet sich die Sache, wenn ein Gas ohne Condensationsproducte erzeugt wird, das also die Regeneratoren nicht verstopfen kann. Mein Versuchsapparat besteht aus einer dem Schwelgaserzeuger sehr ähnlichen Vorrichtung. Er bildet die Vereinigung von zwei derartigen Apparaten mit gemeinschaftlichem Roste, aber durch eine Zwischenwand getrennten Aufgaberäumen für frisches Brennmaterial. Jede der so gebildeten zwei Kammern steht mittelst Canales in Verbindung mit einer Wechselklappe. Zwischen dieser und dem eigentlichen Gaserzeuger sind zwei passende Regeneratoren angeordnet. In beide Canäle kann zwischen Wechselklappe und Generator eine Mischung von Dampf und Luft, resp. Dampf allein eingebracht werden. Die Wirkungsweise des Apparates ist folgende. Es wird eine entsprechende Mischung von Dampf und Luft in den einen Canal eingeblasen, passirt den einen Regenerator, kommt in dem oberen Theile einer der Gaserzeugerkammern mit dem frischen Brennmateriale zusammen und gelangt durch dieses in die glühenden Schichten über dem Roste, resp. unter der Trennungsmauer der beiden Kammern. Hier und in der zweiten Gaserzeugerkammer findet die Zersetzung des Wasserdampfes resp. die Bildung des Heizgases in bekannter Weise statt, indem das Gasgemisch durch das Brennmaterial in der anderen Kammer aufsteigt, um von dort in den Regenerator zu gelangen, wo es seine Wärme abgiebt und dann durch den anderen Canal und durch die Wechselklappe nach der Gasleitung abzieht. Durch Umlegen der Klappe vollzieht sich der Vorgang in umgekehrter Richtung, wobei sich natürlich auch das Einführen der Mischung von Dampf und Luft entsprechend ändert. Unmittelbar vor dem Richtungs-Wechsel lässt man nur Dampf wirken, um die Luft aus dem ganzen Systeme zu entfernen, die sonst bei dem Zusammentreffen mit Gas zu Explosionen Veranlassung geben würde. Ich behalte mir vor, auf dieses Verfahren der Herstellung von hochwerthigem Heizgase von niedrigem Stickstoffgehalte und fast ohne condensirbare Bestandtheile, Patente zu nehmen. Vielleicht wird mir später einmal Gelegenheit geboten, über die Versuchsresultate dieses Apparates, von dem ich mir guten Erfolg verspreche, zu berichten.

Aus den vorstehenden Beschreibungen von Gasfeuerungsanlagen wird es im Allgemeinen ersichtlich sein, dass die Bedingungen einer guten Verbrennung bei gasförmigem Heizmateriale viel leichter zu erreichen sind, als bei festem, und dass alle bei letzterer Feuerungsart angewandten Kunstgriffe unnöthig werden, weil Gas leicht regulirbar und auf die passendste Weise mit der Luft gemischt, absolut gleichmässig und rauchlos verbrennen kann. Fast dasselbe lässt sich allerdings auch mit Petroleum und anderen brennbaren Flüssigkeiten, wie Oel, Spiri-

9*

tus etc. erreichen, jedoch ist flüssiges Brennmaterial vorläufig noch zu theuer und daher nicht im Stande mit Schwelgas und noch weniger mit Wassergas zu concurriren.

Eine Theerheizung, von der man sich s. Z. grossen Erfolg versprach, habe ich auf der Ausstellung nicht finden können.

Um die Gasfeuerung allgemein anwendbar zu machen, derart, dass mit Hülfe derselben die Rauchentwickelung ganz und gar vermieden würde, ist es erforderlich, dass in allen Städten, welche absolute Rauchverzehrung anstreben, ein Heizgasrohrnetz, ähnlich wie für Leuchtgas, gelegt wird.

Das Heizgas muss demzufolge an einem geeigneten Punkte erzeugt, und durch die Rohranlagen nach allen Feuerstellen geleitet werden. Die Rauchbildung wird dann nicht nur vermieden, sondern auch eine ganz bedeutende Menge von Brennmaterial erspart werden. Letztere Thatsache ergiebt sich zur Genüge aus der Beschreibung der Ursachen der Raucherzeugung, welche nur darin ihren Grund hat, dass der werthvollste Theil der flüchtigen Verbrennungsgase, nach dem jedesmaligen Auflegen der festen Kohle, unverbrannt bleibt und entweicht.

Die Anlage eines Rohrnetzes für die Zuführung von Brenngas, würde demnach durch die erreichte Kohlenersparniss in kürzester Frist wieder verdient werden.

Ich beabsichtigte an dieser Stelle einen Kostenanschlag für eine derartige Heizanlage zu geben und zwar für eine grössere Stadt. Es sind aber für diesen Fall doch noch nicht derart genügende durch praktische Erfahrung bestätigte, resp. hier verfügbare Unterlagen vorhanden, als dass ein nur annähernd getreues Bild der so geschaffenen Verhältnisse, in Zahlen ausgedrückt, gegeben werden könnte.

Ich verweise hierbei auf einen Vortrag des Herrn Professor H. Fischer, Hannover, den derselbe auf dem 2. Verbandstage des Vereins für Gesundheitstechnik im September 1880 in Hamburg gehalten hat. Derselbe enthält interessante Vergleiche zwischen directer, Gas- und Dampfheizung für grössere Städte, die letzteren beiden Heizmethoden als von Centralquellen ausgehend, angewendet.

Es giebt einen Concurrenten des Gases, welcher volle Berücksichtigung verdient, ich meine die Elektricität.

Wenn für die Versorgung unserer Wohnhäuser resp. Industriewerkstätten die Elektricität als Zukunftsmittel der Beschaffung von Licht, Kraft und Wärme genannt wird, die von einer Centralquelle aus an die Verbrauchsorte abgegeben werden sollen, so ist demgegenüber jedenfalls das Gas als ein Mittel zu bezeichnen, welches vielleicht früher für gleichen Zweck zur Einführung gelangen könnte, als die Elektricität. Bezüglich des Lichtes und der Kraft, erinnere ich an die bereits allgemein eingeführte Gasbeleuchtung und die bekannten mit demselben Gas betriebenen Gasmotoren. Wenn wir in der Lage wären, dieselbe Art von Gas mit angemessenen Kosten auch für Heizzwecke zu verwenden, würde man der Verwirklichung des Projectes Licht, Kraft und Wärme durch ein und dasselbe Mittel, von einer Centralquelle aus zu schaffen, bereits ziemlich nahe sein. Das Gas mit seiner ausserordentlichen Theilbarkeit, bei verhältnissmässig geringem Effectverluste, ist wenigstens vorläufig noch, für Beleuchtung und Betriebskraft dem elektrischen Strome überlegen. Um elektrische Lichtquellen von relativ geringer Intensität, wie wir sie für praktische Zwecke bedürfen, zu schaffen, sind die Kosten noch immer sehr hohe, da es bis jetzt nicht gelungen ist, den elektrischen Strom ohne unverhältnissmässig grossen Effectverlust zu theilen. Dasselbe gilt in sehr viel höherem Masse für die Verwendung der Elektricität zu Heizzwecken; auch hier macht sich das Fehlen der Theilbarkeit empfindlich bemerkbar, sodass Elektricität als Wärmequelle, nur für die intensivsten Hitzen Anwendung finden kann und vorläufig zur Erzeugung von grossen Wärmemengen von entsprechend niedriger Temperatur unbrauchbar ist. Die elektrische Kraftübertragung, die durch meinen Bruder Dr. Werner Siemens zur Einführung gelangte, ist noch zu wenig entwickelt, um zur unmittelbaren Einführung in die Praxis bereits allgemein anwendbar zu sein und sind namentlich hier die Kosten gegenüber Dampf- oder Gasmaschinen noch ziemlich hohe.

Aus dem Vorstehenden ist ersichtlich, dass, wenn es gelingen würde ein Gas zu schaffen, das den Ansprüchen bezüglich Beleuchtung, Heizung und Verwendbarkeit in Gasmotoren vollkommen entspricht, man der Lösung des oben genannten Problems näher sein würde, als durch Anwendung der bis jetzt seitens der

Elektricität zur Verfügung stehenden Mittel. Die Erzeugung eines
für Heizzwecke brauchbaren Gases zu entsprechend niedrigem
Preise vorausgesetzt, müssten demnach die Mittel gefunden werden, dasselbe auch zur Beleuchtung und zum Betriebe von Gasmotoren durch entsprechend einfache Verfahren tauglich zu machen.
Dazu sind vorläufig folgende Mittel bekannt:

1. Die Carburirung des Gases; ein bereits vielseitig an-
gewendetes Mittel, um die Leuchtkraft des Gases zu verbessern.
Ich erinnere nur an die Albo-Carbonbeleuchtung.

2. Dadurch, dass man eine zwar nicht leuchtende,
aber intensiv heizende Flamme auf einen unschmelzbaren, festen Körper aufschlagen lässt; also ein Glühlicht
erzeugt à la Drumond.

Letztere Art lässt sich mit Hülfe des Regenerativ-Systems
leicht durchführen und bietet dann in mehrfacher Beziehung Vortheile im Vergleich zu meinen mit Leuchtgas betriebenen Regene-
rativ-Brennern, welche auf der Ausstellung zum ersten Male in
England öffentlich zur Ansicht gelangten und sehr viel Interesse
erregten. Es wurden dieselben vielfach mit dem elektrischen
Lichte verglichen, jedoch wurde das Hauptgewicht auf die vorzügliche ventilirende Wirkung der Brenner gelegt, in welcher Beziehung keine andere Einrichtung auch nur annähernd gleich
günstige Resultate bietet. Ich übergehe die Beschreibung dieses
Brenners und die Eigenthümlichkeit der damit verbundenen Vortheile, weil ich dies als hier bekannt voraussetzen darf.

Zur Durchführung einer Gasanlage für Lieferung von Licht,
Kraft und Wärme, halte ich nun Wassergas ganz besonders geeignet, seiner billigen Herstellung und grossen Reinheit wegen.
Ich verweise in dieser Beziehung auf die früher angezogene Broschüre von Quaglio.

Ich habe die feste Ueberzeugung als Resultat meiner Unter-
suchungen und Betrachtungen erlangt, dass die Anwendung der
directen Feuerungen in grösseren Städten unzulässig ist, dass
diese allgemeine Erkenntniss sich bald Bahn brechen wird, und
dass man in Zukunft alle Feuerungen mit einem besonders hergestellten Brenngas durch ein allgemeines Röhrensystem zuge-
leitet, unterhalten wird.

Ein derartig durchgeführtes Feuerungssystem beseitigt ausser der Raucherzeugung auch die grosse Unannehmlichkeit der Hantirung mit Kohle, Asche und Russ in allen Häusern und Wohnungen. Man muss sich klar machen, wie viel Arbeit dadurch erspart würde, abgesehen von der durch Schmutz und Staub erzeugten Beschädigung an Gesundheit und Sachen. Die Ersparniss an Brennmaterial müsste schon deswegen eine ganz enorme sein, weil durch das unregelmässige Aufschütten der Kohle, bei allen dem Haushalte angehörigen kleinen separaten Feuerungen gerade die besten Heizgase verflüchtigt werden, ohne zu verbrennen, in welchem Umstande wiederum die Hauptursache der Raucherzeugung zu suchen ist. Ausserdem ist es unvermeidlich, dass durch die unregelmässige Bedienung der kleinen Feuerungen, grosse Massen von Cokes mit der Asche fortgenommen werden. Es muss ferner in Betracht gezogen werden, dass kleine Feuerungsanlagen verhältnissmässig viel ungünstigere Verbrennungs- und Heizresultate ergeben, wie grössere; ein Umstand, der besonders für Einführung der Gasfeuerung in Haushaltungen spricht.

Alle thatsächlichen Betrachtungen dieser Frage führen zu dem Schlusse, dass die Gasfeuerung in der besonderen Form der centralen Gaserzeugung allein geeignet erscheint, den zahlreichen Uebelständen der gewöhnlichen directen Feuerungsmethode vollkommen abzuhelfen und ausserdem noch bedeutend billiger in den Unterhaltungskosten zu stehen kommt. Der Uebergang von festem Brennmateriale zu gasförmigem, könnte unter Umständen auch die Veranlassung zu einer tiefgreifenderen Aenderung bezüglich unserer gegenwärtigen Betriebsmittel werden. Die directe Verwendung von Gas als motorische Substanz innerhalb der Maschine selbst, könnte zur vollständigen Unterdrückung des Dampfkessels führen. Der ausserordentlich hohe Nutzeffect der Gasmaschine, welcher selbst bei Verwendung des verhältnissmässig theuren Leuchtgases, den der bestconstruirtesten Dampfmaschinen beträchlich übersteigt, öffnet in dieser Beziehung ein weites Feld. Die Durcharbeitung und praktische Einführung des Gases für diese Zwecke würde von weitgehendster Bedeutung auf beinahe alle Zweige unserer Industrie sein und eine Aufgabe bilden, der die heranwachsende Generation unserer Techniker volle Aufmerksamkeit widmen sollte.

Aus vorstehendem Berichte glaube ich folgenden Schluss ziehen zu sollen:

> Die vollkommene Rauchverhinderung bei entsprechender Ausnutzung des Brennmateriales und Arbeitsersparniss ist nur durch Einführung der Gasfeuerung mit centraler Gaserzeugung zu erreichen.

Wenn man an der unumstösslichen Thatsache festhält, dass die Rauchbildung vermieden werden kann, so ist es auch zulässig, dem Rauche. eine gesetzliche Berechtigung überhaupt nicht zu gestatten.

Wenn diesbezügliche gesetzliche Bestimmungen einmal getroffen sind, werden sehr bald auch die bekannten praktischen Massregeln für effective Beseitigung des Rauches in jedem einzelnen Falle angewendet werden. Wenn man sich an die bedeutenden Kosten, welche die Anlage eines weit verzweigten Rohrnetzes verursacht, stösst, oder dieses anderer Gründe wegen nicht durchführbar erscheint, so würde man sich darauf beschränken müssen, die Gasfeuerung wenigstens in der Weise einzuführen, dass man in geeigneten Fällen das bereits vorhandene Leuchtgas anwendet, im Uebrigen aber für jedes Haus oder Etablissement das Gas besonders erzeugt, wie dies bekanntlich schon in vielen Fabriken mit grossem Vortheile ausgeführt wird. Wo nun wegen der Kleinheit der Anlage, Platzmangel oder aus anderen Ursachen auch eine besondere Gaserzeugungsanlage unthunlich erscheint, müsste das directe Feuerungssystem allerdings beibehalten werden, jedoch würden die betreffenden Heizapparate mit den besonderen Vorrichtungen zu versehen sein, welche zu Anfang dieses Berichtes ausführlich beschrieben wurden und die jedem einzelnen vorliegenden Falle angepasst werden müssten.

Buchdruckerei von Gustav Schade (Otto Francke) in Berlin N.